U0845148

AI视频制作爆款30例

短视频、电影特效、神话创意与商业广告

吴长城◎编著

化学工业出版社

·北京·

内容提要

随着AI工具的普及，基础视频制作已无门槛，但如何才能做出高颜值、高传播、高转化的爆款内容呢？本书直击创作者核心痛点，精选短视频、电影特效、神话创意、商业广告四大热门赛道中的30个实战案例，涵盖抖音与视频号近期最火的“乡村治愈风”“怀旧客车”“山海经异兽”“文旅宣传广告”等爆款模板。

本书详细讲解了使用目前主流且好用的7款AI工具，即DeepSeek、即梦、可灵、豆包、Kimi、文小言、剪映进行视频制作的全过程。从生成图片提示词、以文生图、以图生图，到制作动态视频、添加背景音乐、剪辑拼接等各个环节，步骤清晰，操作易懂，即使是没有专业视频制作背景的初学者也能轻松上手，快速掌握AI视频制作的精髓。

本书附赠230多分钟的教学视频、270多条精心设计的AI提示词、130多页教学课件以及370多个素材效果文件，为读者的学习和创作提供全方位的支持。本书适合视频创作爱好者、自媒体从业者、影视后期初学者、数字营销人员以及广告创意人员。

图书在版编目（CIP）数据

AI视频制作爆款30例 ： 短视频、电影特效、神话创意与商业广告 / 吴长城编著. -- 北京 ： 化学工业出版社, 2025. 12. -- ISBN 978-7-122-49197-8

Ⅰ. TN948.4-39

中国国家版本馆CIP数据核字第2025P749V3号

责任编辑：李 辰 孙 炜　　封面设计：王晓宇

责任校对：田睿涵　　装帧设计：盟诺文化

出版发行：化学工业出版社（北京市东城区青年湖南街13号 邮政编码100011）

印 装：天津市银博印刷集团有限公司

710mm × 1000mm 1/16 印张$15^1/_2$ 字数297千字 2026年1月北京第1版第1次印刷

购书咨询：010-64518888　　售后服务：010-64518899

网 址：http://www.cip.com.cn

凡购买本书，如有缺损质量问题，本社销售中心负责调换。

定 价：98.00元

前言
PREFACE

让AI成为你的爆款视频制造机

亲爱的创作者，你是否也面临这样的困境?

• 熬夜做的视频播放量不过千。

• AI生成的画面僵硬缺乏电影感。

• 商业广告被用户3秒划走。

——这不是你的能力问题，而是方法需要升级!

当同行用一条山海经异兽视频收获10万点赞，用动态茶叶广告带来月销10万+时，传统视频制作模式早已被颠覆。本书不是“基础操作说明书”，而是专注解决一个问题：如何用最新AI工具做出平台算法偏爱、用户主动分享的爆款视频?

一、为什么这本书能让你弯道超车?

作为“经过流量验证”的经典案例合集，全书30个案例均来自抖音/视频号热门模板，例如：

• 第3例 头发花墙视频——单条模仿视频最高引流10万+粉丝。

• 第26例 茶叶广告视频——被茶企复购多次的商业模板。

• 第12例 皮影戏风格视频——某报转载的传统文化爆款。

二、工具组合拳打破技术天花板

• 用DeepSeek+R1模型生成电影级分镜脚本。

• 即梦AI+可灵实现“图片→动态视频→运镜特效”三级跳。

• 剪映“智能抠图+AI配音”，10分钟完成专业级剪辑。

三、赠送资源包=省下千元课程费

• 230分钟视频课：重点演示“对口型数字人”“电影预告片节奏”等付费级技巧。

• 270条提示词：包含“宫崎骏风格关键词”“高转化广告文案结构”等机密模板。

• 370个素材文件：直接套用“萌娃劳作”“蓬莱仙境”等场景提示词即可得到结果。

此外，本书还额外赠送了：《17个DeepSeek生成摄影或短视频分镜文案技巧》《28个AI电影剧本创作技巧》电子文档。

四、特别解锁四大变现赛道

AI短视频篇——解决“同质化严重”痛点，如第1例用“乡村治愈视频”模板：DeepSeek生成诗意提示词→即梦制作动态稻田→剪映添加背景音乐，很多平台播放量都在10万+。

电影特效篇——实现“个人媲美团队”，第11例“宫崎骏电影风格视频”：豆包生成蓝天草原图→即梦添加视频特效→剪映剪辑效果，成本不到50元。

神话创意篇——抢占“文化IP红利”，第21例“山海经异兽视频”：豆包生成异兽概念图→即梦图生视频→剪映合成特效，引发二次创作潮。

商业广告篇——打造“秒杀级转化”，第29例“汽水广告视频”：即梦生成气泡爆破镜头→豆包优化“冰爽感”文案→剪映剪辑成片效果，转化率提升200%。

五、现在行动，抢占AI视频红利期

翻开这本书，你会发现自己不再是“工具使用者”，而是掌握爆款密码的AI导演。无论你是想接商单变现的个人，还是急需提升品牌曝光度的商家，书中每一例都可直接复用——你的下一条百万爆款，或许就从本书开始！

谨以此书献给所有不甘平凡的创作者：当别人还在摸索基础操作时，你已用AI掀起流量风暴！

六、本书资源获取方式

如果读者需要获取书中的教学资源，请使用微信“扫一扫”功能按需扫描下方的二维码即可。

扫码获取本书配套资源

扫码查看视频教学样例

七、版本与会员特别提示

1. 本书涉及的各大软件和工具的版本分别是：DeepSeek手机版为1.1.9（72）、即梦AI手机版为1.5.1、可灵AI手机版为2.4.30.153、豆包手机版为8.6.0、Kimi手机版为2.1.2、文小言为4.16.2.10、剪映手机版为16.3.0、剪映电脑版为8.1.1。

2. 本书在编写过程中，是根据软件和工具的当前最新版本截的实际操作图片，但图书从编辑到出版需要一段时间，在此期间，这些工具的版本、功能和界面可能会有变动，请在阅读时根据书中的思路，举一反三进行学习。

3. 需要注意的是，即使是相同的提示词，AI工具每次生成的回复和效果也会存在差别，因此在扫码观看教程时，读者应把更多的精力放在提示词的编写和实际操作的步骤上。

4. 由于篇幅原因，AI工具的回复内容只展示要点，详细的回复文案，请看随书提供的完整文件。

5. 剪映中的部分功能需要付费开通会员才能使用，如果不能开通会员功能，使用免费功能也能达到近似效果。

本书由吴长城编著，特别感谢进行资料编写整理的邓陆英、提供素材帮助的苏苏。由于编写人员知识水平有限，书中难免有疏漏之处，恳请广大读者批评、指正。

目录

CONTENTS

【AI短视频篇】

【电影特效篇】

【神话创意篇】

【商业广告篇】

【AI短视频篇】

第 1 例　乡村治愈视频

在短视频平台中，乡村治愈视频以其独特的风格和内容吸引了大量观众。这类视频通常展现宁静的田园生活、淳朴的乡村风情、传统手工艺的制作过程，以及乡村人物的乐观生活态度。视频多以原生态的乡村风光为背景，如青山绿水、田野农舍、炊烟袅袅等，营造出远离城市喧嚣的宁静氛围。评论区的观众也会分享自己的乡村记忆或表达对田园生活的向往，从而形成情感共鸣的氛围。本例将为大家介绍乡村治愈视频的制作方法。

1.1 用 DeepSeek，生成图片提示词

DeepSeek在自然语言处理方面技术先进，能够理解和生成复杂的文本描述。这使得DeepSeek可以更准确地理解用户输入的文本提示词，并将其转化为高质量的图像生成指令。下面介绍在DeepSeek手机版中生成图片提示词的操作技巧。

扫码看教学视频

☆ 温馨提示 ☆

下载和安装 DeepSeek 手机版的方法很简单，在手机自带的应用商店 APP 中输入和搜索 DeepSeek，就可以下载和安装 DeepSeek 手机版。DeepSeek 手机版的对话界面组成如图 1-1 所示。

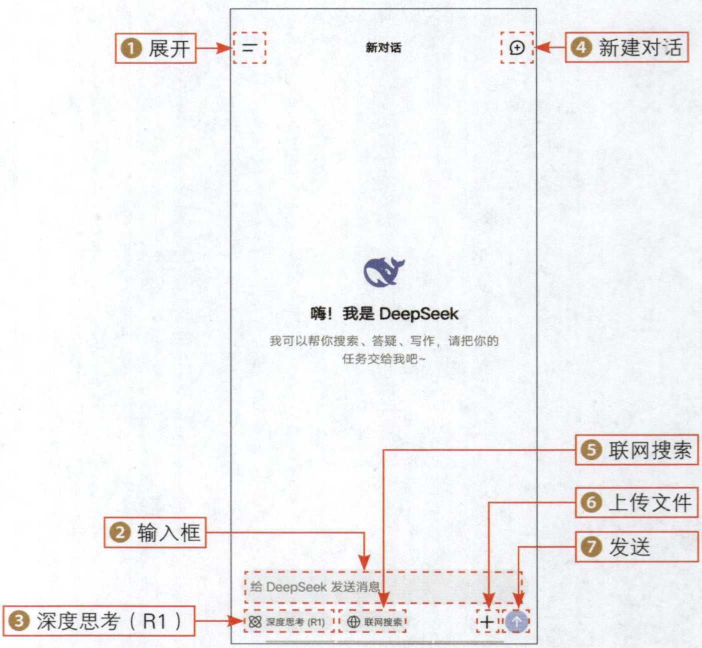

图 1-1　DeepSeek 对话界面的组成

下面对 DeepSeek 对话界面中的组成部分进行相关讲解。

❶ 展开☰：点击该按钮，即可展开最近的对话记录和用户信息。

❷ 输入框：用户可以在这里输入提示词，以获得 DeepSeek 的回复。

❸ 深度思考（R1）：点击该按钮，打开“深度思考”模式，当用户向 DeepSeek 提问时，可以观察 DeepSeek 是如何逐步分析并解答问题的，这有助于增加答案的透明度和可信度。

❹ 新建对话⊕：点击该按钮，会新建一个对话窗口，用户可以与 AI（Artificial Intelligence，人工智能）讨论新的话题或让 AI 重新对上一个话题进行回复。

❺ 联网搜索：点击该按钮，即可打开“联网搜索”模式，在此状态下，DeepSeek 能够搜索实时的信息，快速整合并给出回答，同时提供信息来源，确保对话的丰富性和准确性。

❻ 上传文件＋：点击该按钮，会弹出相应面板。用户可以点击“拍照识文字”“图片识文字”或“文件”按钮，要求 DeepSeek 识别出其中的文字信息。

❼ 发送⬆：点击该按钮，即可发送提示词至 DeepSeek 中。

步骤 01 打开DeepSeek手机版，进入对话界面，点击输入框，❶在输入框中输入相应的提示词；❷点击“发送”按钮⬆，如图1-2所示。

步骤 02 稍等片刻，即可生成相应的回复，点击“复制”按钮⧉，如图1-3所示，即可复制提示词。

图 1-2　输入提示词

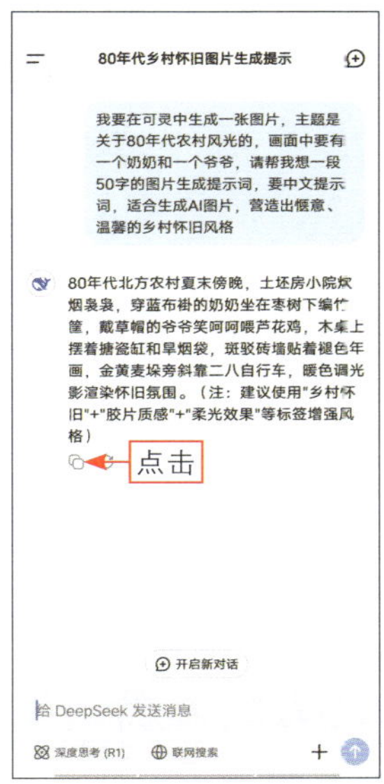

图 1-3　复制回复的提示词

1.2　用即梦以文生图，制作乡村图片

即梦AI手机版延续了网页版的视频生成能力，优化了移动端的交互体验，方便用户随时随地进行视频画面的创意生成与快速预览，适合视频的灵感捕捉与初步制作。图1-4所示为即梦AI手机版的图片生成面板。

扫码看教学视频

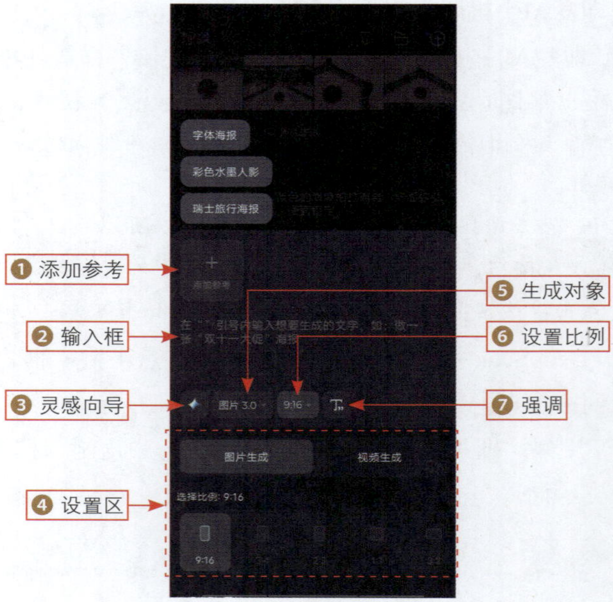

图 1-4　即梦 AI 手机版的图片生成面板

下面对即梦AI手机版图片生成面板中的组成部分进行详细介绍。

❶ 添加参考：点击该按钮，进入相应界面，用户可以选择相册或过往生成的图片进行上传，作为参考图。

❷ 输入框：用户可以在这里输入提示词，告知AI自己想要的画面效果。

❸ 灵感向导：即梦AI接入了AI模型，点击该按钮，可以进入“灵感向导”界面，让AI帮忙生成所需的提示词。

❹ 设置区：在该区域中，用户可以设置生成的对象为图片或视频；也可以对生成参数进行设置，包括比例、时长和模型等。

❺ 生成对象：该按钮会显示当前设置的生成对象，点击该按钮，可展开或收起设置区。

❻ 设置比例：该按钮只会显示当前设置的生成比例，点击该按钮，也可以展开或收起设置区。

❼ 强调：点击该按钮，即可输入相应的文本内容，进行重点强调。

即梦AI能够准确理解用户输入的文字描述，将其转化为具体的图像元素。无论是简单的物体描述还是复杂的场景构建，即梦AI都能给出令人满意的生成结果。使用在DeepSeek中生成的提示词，即可在即梦AI中生成相应的图片，效果如图1-5所示。

下面介绍在即梦AI手机版中制作乡村图片的操作方法。

步骤 01 打开即梦AI手机版，❶点击“想象”按钮，即可切换至“想象”界面；❷点击输入框，如图1-6所示。

步骤 02 ❶在输入框中输入相应的提示词，默认设置模型为“图片3.0”、比例为9：16；❷点击“生成”按钮，如图1-7所示。

图 1-5　图片效果

图 1-6　点击输入框

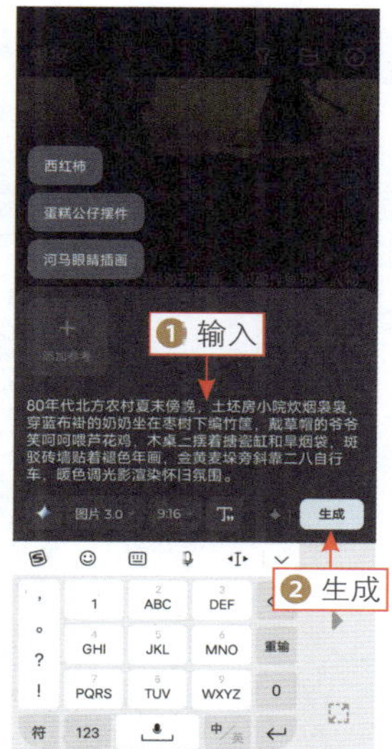

图 1-7　输入提示词生成图片

步骤 03 稍等片刻，即可生成4张图片，选择相应的图片，如图1-8所示。

步骤 04 进入相应的界面，点击“超清”按钮，如图1-9所示，对图片进行超清处理，之后选择超清图片并点击“下载”按钮，即可下载和保存图片。

图 1-8　选择相应的图片

图 1-9　对图片进行超清处理

1.3 用即梦以图生视频，制作动态视频

即梦AI的图生视频功能是其核心亮点之一，能够将静态图片转化为动态视频，操作简单且效果出色。用户只需上传一张静态图片，系统会自动将其转化为生动的短视频，并支持多种运镜选项，如平移、旋转、缩放等。用户还可以调整视频的播放速度，以适应不同场景，视频效果如图1-10所示。

扫码看教学视频

图 1-10 视频效果

下面介绍在即梦AI手机版中制作动态视频的操作方法。

步骤 01 在上一小节的基础上，在即梦手机版中选择经过超清处理的图片，如图1-11所示。

步骤 02 进入相应的界面，点击“生成视频”按钮，如图1-12所示。

步骤 03 ❶在输入框中输入相应的提示词，默认设置模型为“视频3.0”、比例为9：16；❷点击“生成”按钮，如图1-13所示。

步骤 04 稍等片刻，即可生成一段视频，选择视频，如图1-14所示。

步骤 05 进入相应的界面，点击“下载”按钮⬇，如图1-15所示，继续点击“保存到本地”和“有水印保存”按钮，把视频下载至手机中。

图 1-11　选择经过超清处理的图片

图 1-12　点击“生成视频”按钮

图 1-13　输入提示词生成视频

图 1-14　选择视频

图 1-15　下载视频

1.4 在剪映中提取音乐，添加背景音乐

剪映手机版作为一款面向大众用户的视频编辑工具，以操作简便、功能全面著称，特别适合用户在移动端进行视频的快速剪辑与处理，为视频制作提供了灵活便捷的移动化解决方案。图1-16所示为剪映手机版的视频编辑界面。

扫码看教学视频

图 1-16 剪映手机版的视频编辑界面

下面对剪映手机版视频编辑界面中的组成部分进行详细介绍。

❶ 预览窗口：在该区域中，用户可以查看素材画面、时间轴所在的位置和素材总时长。

❷ 时间轴区域：在该区域中，用户可以添加和选择素材，并对素材的原声和封面进行编辑。另外，拖曳时间轴，用户可以查看不同时间刻度下的素材内容。

❸ 工具栏：这里展示了用户对素材进行编辑处理的所有工具，点击不同的按钮还可以进入对应的工具栏进行具体的编辑。例如，点击“剪辑”按钮，可以进入剪辑工具栏，对素材进行剪辑操作；点击“音频”按钮，可以进入音频工具栏，为素材添加音频或对素材的音频进行编辑。

剪映手机版的界面设计简洁明了，功能布局合理，即使是初次使用的用户也能快速熟悉并上手。在剪映手机版中可以快速为视频添加背景音乐，视频效果如图1-17所示。

图 1-17　视频效果

下面介绍在剪映手机版中添加背景音乐的操作方法。

步骤 01 打开剪映手机版，点击“开始创作”按钮，如图1-18所示。

步骤 02 ❶在“照片视频”界面中选择一段视频素材；❷选中“高清”复选框；❸点击“添加”按钮添加视频，如图1-19所示。

步骤 03 点击轨道中的“添加音频”按钮，如图1-20所示。

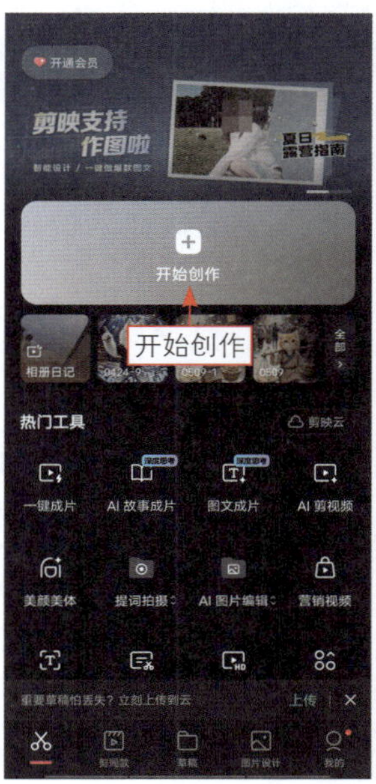

图 1-18　点击“开始创作”按钮

图 1-19　添加视频

图 1-20　点击“添加音频”按钮

步骤 04 在弹出的工具栏中点击“提取音乐”按钮，如图1-21所示。

步骤 05 ❶在“照片视频”界面中选择一段背景音乐视频素材；❷点击“仅导入视频的声音”按钮，如图1-22所示，为视频添加背景音乐。

步骤 06 添加背景音乐后，通过拖曳音频素材右侧白框的方式，调整其时长，使其对齐视频的时长，如图1-23所示。

图 1-21　点击“提取音乐”按钮

图 1-22　添加背景音乐

图 1-23　调整音频的时长

第 2 例　怀旧客车视频

抖音中的怀旧客车视频近年来成为热门内容，这类视频通过复古场景、情感共鸣和技术创新，吸引了大量观众，尤其是70后、80后和90后群体。视频内容常围绕“青春回忆”“乡愁”展开，如父母送别子女、春节返乡等场景，触发怀旧情绪。未来，随着AI技术的进步和用户需求的多样化，这类内容可能会进一步拓展。本例将为大家介绍怀旧客车视频的制作方法。

2.1 用即梦以文生图，制作等车图片

在生成图片的时候，需要进行画面规划。一般而言，在一个视频中可以有多个镜头画面，以客车视频为例，通常包含等车、上车和坐车等画面，这时我们就可以在即梦AI手机版中输入相应提示词生成相应的图片，部分图片效果如图2-1所示。

扫码看教学视频

图 2-1 部分图片效果

下面介绍在即梦AI手机版中制作等车图片的操作方法。

步骤 01 打开即梦AI手机版，❶点击“想象”按钮，即可切换至“想象”界面；❷点击输入框，如图2-2所示。

步骤 02 ❶在输入框中输入相应的提示词，默认设置模型为“图片3.0”、比例为9：16；❷点击“生成”按钮，如图2-3所示。

步骤 03 稍等片刻，即可生成4张图片，选择相应的图片，如图2-4所示。

步骤 04 进入相应的界面，点击“超清”按钮，如图2-5所示，对图片进行超清处理，之后可以选择超清图片并点击“下载”按钮，下载和保存图片。使用相同的操作方法生成其他3张图片即可。

图 2-2　点击输入框

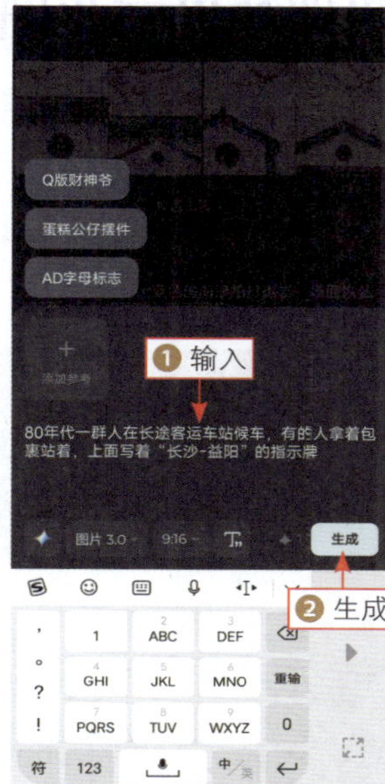

图 2-3　输入提示词生成图片

图 2-4　选择相应的图片

图 2-5　对图片进行超清处理

☆ 温馨提示 ☆

生成图片和视频的提示词在提供的资源文件夹里，使用手机扫码即可获取。

2.2 用即梦以图生视频，制作等车视频

在即梦AI中使用图片生成视频时，可以选择“视频3.0”生成模型，这个模型可以更精准地响应指令。之后在输入框中输入相应的提示词，即可让即梦生成所需要的画面和运镜效果，部分视频效果如图2-6所示。

扫码看教学视频

图 2-6　部分视频效果

下面介绍在即梦AI手机版中制作等车视频的操作方法。

步骤 01 在上一小节的基础上，在即梦手机版中选择经过超清处理的图片，如图2-7所示。

步骤 02 进入相应的界面，点击“生成视频”按钮，如图2-8所示。

步骤 03 ❶在输入框中输入相应的提示词，默认设置模型为“视频3.0”、比例为9∶16；❷点击“生成”按钮，如图2-9所示。

步骤 04 稍等片刻，即可生成一段视频，选择视频，如图2-10所示。

步骤 05 进入相应的界面，点击“下载”按钮，如图2-11所示，继续点击“保存到本地”和“有水印保存”按钮，把视频下载至手机中。使用相同的操作方法，即可生其他3段视频。

图 2-7　选择经过超清处理的图片

图 2-8　点击“生成视频”按钮

图 2-9　输入提示词生成视频

图 2-10　选择视频

图 2-11　点击下载按钮

2.3 在剪映中剪辑，拼接客车视频

在即梦中生成的视频是片段式的，需要在剪映中剪辑和拼接才能制作成一个完整的视频，如调整视频的时长和添加转场等。视频效果如图2-12所示。

扫码看教学视频

图 2-12 视频效果

下面介绍在剪映手机版中剪辑视频的操作方法。

步骤 01 打开剪映手机版，点击“开始创作”按钮，❶在“最近项目”界面中依次选择4段视频素材；❷选中“高清”复选框；❸点击“添加”按钮添加视频，如图2-13所示。

步骤 02 ❶选择第1段视频素材；❷点击“变速”按钮，如图2-14所示。

步骤 03 在弹出的二级工具栏中点击“常规变速”按钮，如图2-15所示。

步骤 04 ❶设置“变速”为0.6×，减慢视频的播放速度；❷选中“智能补帧”复选框；❸点击✓按钮确认操作，如图2-16所示。

步骤 05 通过拖曳第1段视频素材左右两侧白框的方式，调整其时长，使其为2.4s，如图2-17所示。

步骤 06 同理，调整剩下的3段视频素材的时长，依次是2.0s、1.9s和1.8s，并为第4段视频进行加速1.7×的处理，如图2-18所示。

图 2-13　添加视频

图 2-14　点击“变速”按钮

图 2-15　点击“常规变速”按钮

图 2-16　点击相应按钮（1）

图 2-17　调整视频素材的时长（1）

图 2-18　调整视频素材的时长（2）

步骤07 点击第1段视频素材和第2段视频素材之间的“转场”按钮，如图2-19所示。

步骤08 弹出相应的面板，❶切换至“叠化”选项卡；❷选择“叠化”选项；❸点击按钮添加转场，如图2-20所示。同理，为其他视频片段之间依次添加“推近”运镜转场和“叠化”转场。

图 2-19　点击“转场”按钮

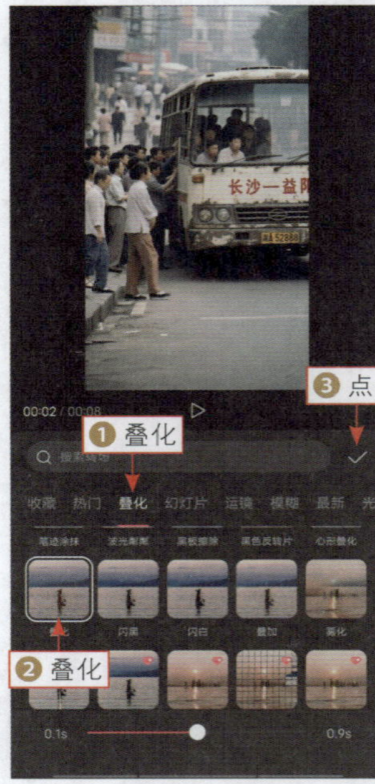

图 2-20　添加转场

2.4　在剪映中搜索歌曲，添加音乐

制作怀旧视频必不可少的就是需要添加一首怀旧音乐，通过在剪映曲库中搜索就能为视频添加一首怀旧音乐，增强视频氛围。下面介绍在剪映手机版中添加音乐的操作方法。

扫码看教学视频

步骤01 回到剪映手机版主界面，在视频的起始位置点击“音频”按钮，如图2-21所示。

步骤02 在弹出的二级工具栏中点击“音乐”按钮，如图2-22所示。

步骤03 在“音乐”界面中点击搜索栏，❶输入并搜索“恋曲1990”；❷点击所选音乐右侧的“使用”按钮添加音乐，如图2-23所示。

步骤 04 ❶拖曳时间轴至视频的末尾位置；❷点击“分割”按钮，分割音频素材；❸点击“删除”按钮删除多余的音频素材，如图2-24所示。

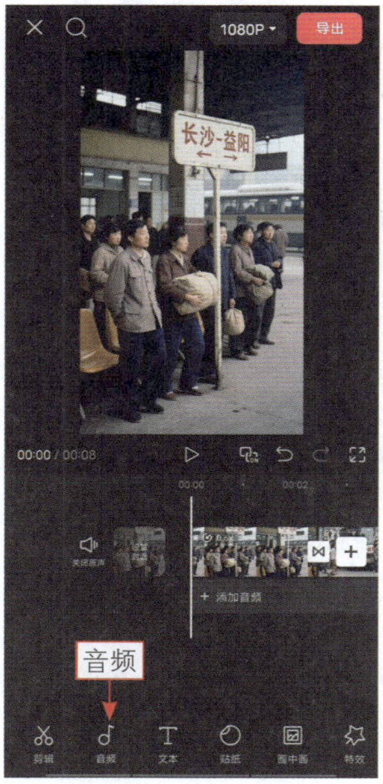

图 2-21　点击“音频”按钮

图 2-22　点击“音乐”按钮

图 2-23　添加音乐

图 2-24　点击相应的按钮

第 3 例　头发花墙视频

头发花墙视频主要是指将头发与鲜花、藤蔓等自然元素结合，形成“花墙”效果，整体色彩鲜艳、构图唯美。抖音算法偏爱高颜值、强视觉的内容，头发花墙的绚丽色彩和创意构图更容易获得推荐，近年来国风文化兴起，鲜花、古风发型等元素契合“新中式美学”趋势。部分视频会展现头发与花卉随风摇曳的灵动感，增强沉浸式体验。本例将为大家介绍头发花墙视频的制作技巧。

3.1　用即梦以文生图，制作花墙图片

在即梦AI手机版中使用以文生图功能，通过输入相应的提示词就能生成相应的花墙图片，效果如图3-1所示。

扫码看教学视频

下面介绍在即梦AI手机版中制作花墙图片的操作方法。

步骤 01 打开即梦AI手机版，在“想象”界面中点击输入框，❶在输入框中输入相应的提示词，默认设置模型为“图片3.0”、比例为9：16；❷点击“生成”按钮，如图3-2所示。

步骤 02 稍等片刻，即可生成4张图片，选择相应的图片，如图3-3所示。

步骤 03 进入相应的界面，点击“超清”按钮对图片进行超清处理，如图3-4所示，之后选择超清图片并点击“下载”按钮，下载和保存图片。

图 3-1　图片效果

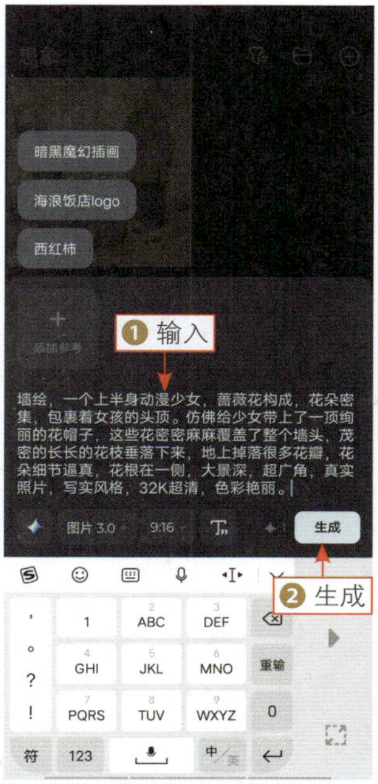

图 3-2　输入提示词生成图片

图 3-3　选择相应的图片

图 3-4　对图片进行超清处理

3.2 用豆包以文生图，制作花墙图片

扫码看教学视频

豆包手机版是一款移动应用，用户可以随时随地通过手机进行AI作图，无需依赖电脑或专业设计软件，这使得用户在移动场景下也能轻松进行创作和设计。图3-5所示为豆包手机版的“AI生图”界面。

下面对豆包手机版“AI生图”界面中的组成部分进行相关讲解。

❶ 添加参考图：点击该区域即可进入“所有照片”界面，创作者可以选择相册中的图片作为参考图上传。

❷ 风格区：在该区域中，创作者可以根据需要选择对应的图像风格，从而让AI生成的图像更适配分镜的需求。

❸ 比例：点击该按钮，即可在弹出的列表框中选择需要的图像比例，如9∶16、2∶3、1∶1和16∶9等。

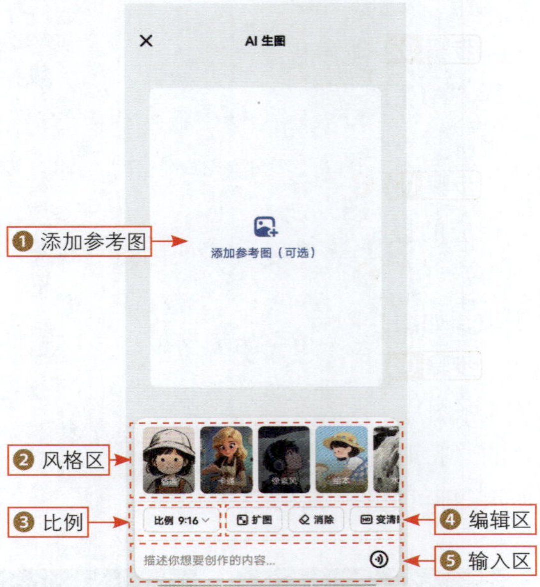

图 3-5　豆包手机版的“AI 生图”界面

❹ 编辑区：创作者可以点击该区域中的按钮，对手机中的图像进行编辑。

❺ 输入区：在该区域中，创作者可以输入文字提示词，也可以通过语音输入的形式，告知AI自己需要的图像内容。

豆包通过深度学习技术，能够精准解析用户输入的文本指令，生成相应的图片，并支持多种艺术风格，生图速度也很快。用户可以使用豆包手机版生成花墙图片，效果如图3-6所示。

图 3-6　图片效果

下面介绍在豆包手机版中制作花墙图片的操作方法。

步骤 01 打开豆包手机版，❶点击“创作”按钮，即可切换至“创作”界面；❷点击“开始创作”按钮，如图 3-7 所示。

步骤 02 在弹出的面板中选择“AI生图”选项，如图3-8所示。

步骤 03 ❶在输入框中输入相应的提示词，默认设置比例为9：16；❷点击“发送”按钮⬆，如图3-9所示。

步骤 04 稍等片刻，即可生成 4 张图片，点击所选图片左下角的“下载”按钮⤓，如图 3-10 所示，即可把图片保存至手机中。

图 3-7　点击“开始创作”按钮

图 3-8　选择“AI 生图”选项

图 3-9　输入提示词生成图片

图 3-10　点击下载图片

3.3 用即梦以图生视频，制作花墙视频

扫码看教学视频

在即梦AI中，除了使用即梦AI生成的图片生成视频外，还可以导入相册中的图片生成视频，部分视频效果如图3-11所示。

图 3-11 部分视频效果

下面介绍在即梦AI手机版中制作花墙视频的操作方法。

步骤 01 打开即梦AI手机版，点击“导入图片”按钮＋，如图3-12所示。

步骤 02 在“系统相册”界面中选择一张图片，如图3-13所示。

步骤 03 ❶在输入框中输入相应的提示词；❷设置模型为“视频3.0”；❸点击“生成”按钮，如图3-14所示。

步骤 04 稍等片刻，即可生成一段视频，选择视频，如图3-15所示。

步骤 05 进入相应的界面，点击“下载”按钮，如图3-16所示。

步骤 06 在弹出的面板中点击“保存到本地”按钮，如图3-17所示，继续点击“有水印保存”按钮，保存视频。剩下的一段视频，在即梦AI手机版中通过“生成视频”功能制作即可。

图 3-12　点击“导入图片”按钮

图 3-13　选择一张图片

图 3-14　输入提示词生成视频

图 3-15　选择视频

图 3-16　点击“下载”按钮

图 3-17　点击“保存到本地”按钮

☆ 温馨提示 ☆

如果对生成的视频不满意，可以点击“再次生成”按钮生成新的视频。

3.4　在剪映中剪辑，制作花墙视频

扫码看教学视频

在剪映手机版中通过添加音乐、转场和特效，可以让两段花墙视频片段组合成一段完整的视频，让画面更加丰富，视频效果如图3-18所示。

图 3-18　视频效果

下面介绍在剪映手机版中剪辑花墙视频的操作方法。

步骤 01 打开剪映手机版，依次导入两段视频素材，点击“音频”按钮，如图3-19所示。

步骤 02 在弹出的二级工具栏中点击“音乐”按钮，如图3-20所示。

步骤 03 在“音乐”界面中点击搜索栏，❶输入并搜索“城北的花”；❷点击所选音乐右侧的“使用”按钮添加音乐，如图3-21所示。

步骤 04 ❶调整两段视频素材的时长，使其都为3s；❷选择音频素材；❸在视频6s的位置点击“分割”按钮，分割音频素材；❹点击“删除”按钮删除多余的音频素材，如图3-22所示。

步骤 05 点击第1段视频素材和第2段视频素材之间的“转场”按钮，如图3-23所示。

步骤 06 弹出相应的面板，❶切换至“光效”选项卡；❷选择“炫光Ⅱ”选项；❸点击按钮添加转场，如图3-24所示。

图 3-19　点击“音频”按钮

图 3-20　点击“音乐”按钮

图 3-21　添加音乐

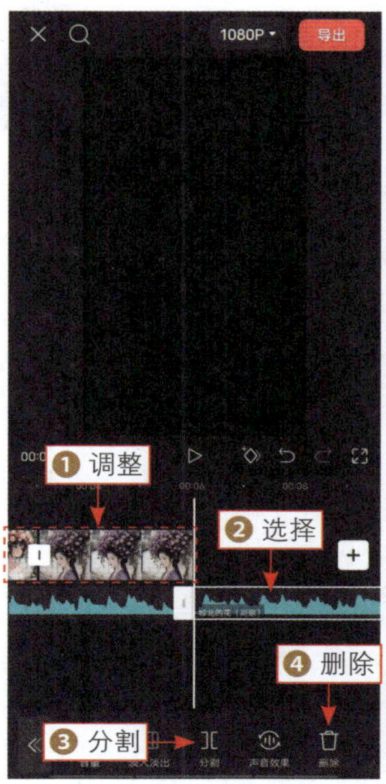

图 3-22　点击相应按钮（1）

图 3-23　点击“转场”按钮

图 3-24　添加转场

步骤 07 在视频的起始位置点击“特效”按钮，如图3-25所示。

步骤 08 在弹出的二级工具栏中点击“画面特效”按钮，如图3-26所示。

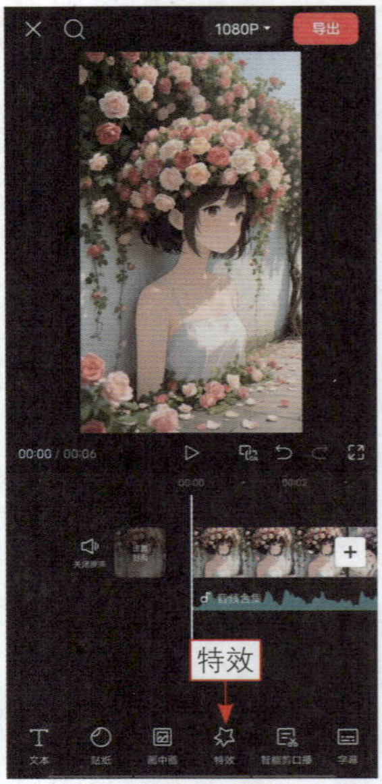

图 3-25　点击“特效”按钮

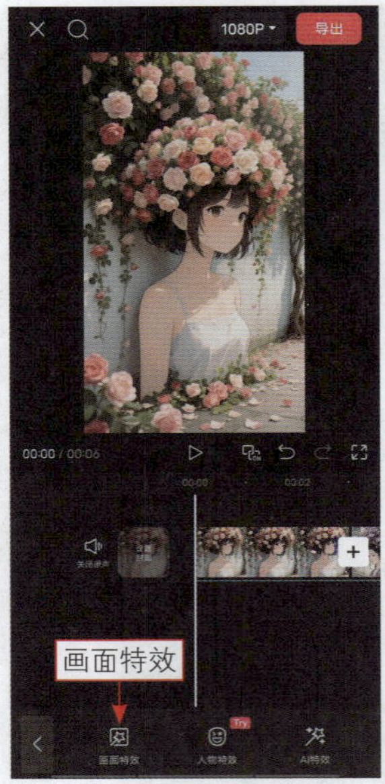

图 3-26　点击“画面特效”按钮

步骤 09 弹出相应的面板，❶在“热门”选项卡中选择“超大光斑”选项；❷点击✓按钮添加开场特效，如图3-27所示。

步骤 10 调整“超大光斑”特效的时长，使其约为1.5s，如图3-28所示。

图 3-27　添加开场特效

图 3-28　调整“超大光斑”特效的时长

第 4 例　胖妞搞笑视频

抖音上关于“大唐女子身材焦虑”的幽默语录视频，用轻松诙谐的方式结合现代身材焦虑文化，与唐朝审美反差形成了独特的娱乐内容，深受用户喜爱。现代女性普遍面临身材压力，这类视频以轻松方式调侃瘦身困境，提供情绪宣泄。通过“唐朝不用瘦身”的幻想，短暂缓解现实焦虑，符合“解压经济”趋势。本例将为大家介绍这类胖妞搞笑视频的制作技巧。

4.1 用即梦以图生图，制作胖妞图片

即梦AI的图生图功能允许用户通过上传一张图片作为参考，结合输入的提示词生成符合需求的创意图片，效果如图4-1所示。

扫码看教学视频

图 4-1 图片效果

下面介绍在即梦AI手机版中制作胖妞图片的操作方法。

步骤 01 打开即梦手机版，点击“导入图片”按钮，如图4-2所示。

步骤 02 在“系统相册”界面中选择一张图片，如图4-3所示。

步骤 03 添加图片之后，点击“智能参考”按钮，如图4-4所示。

步骤 04 ❶在相应的界面中选择“角色特征”选项；❷点击“完成”按钮，如图4-5所示。

步骤 05 ❶在输入框中输入相应的提示词；❷设置比例为9∶16；❸点击“生成”按钮，如图4-6所示。

步骤 06 稍等片刻，即可生成4张图片，选择相应的图片，如图4-7所示，进入相应的界面，点击“超清”按钮对图片进行超清处理，之后可以选择超清图片并点击“下载”按钮，下载和保存图片。

图 4-2　点击“导入图片”按钮

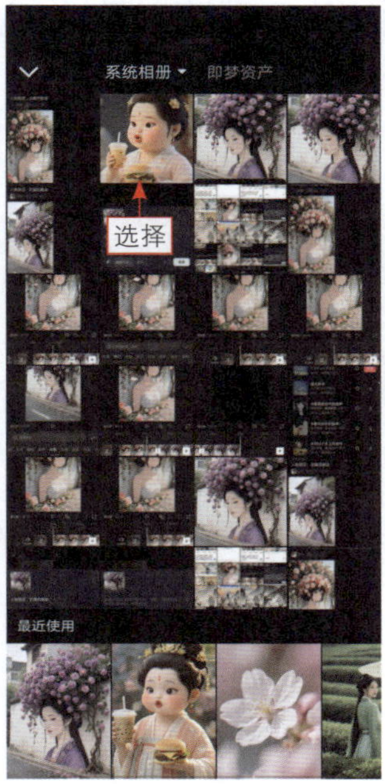

图 4-3　选择一张图片

图 4-4　点击“智能参考”按钮

图 4-5　选择“角色特征”选项

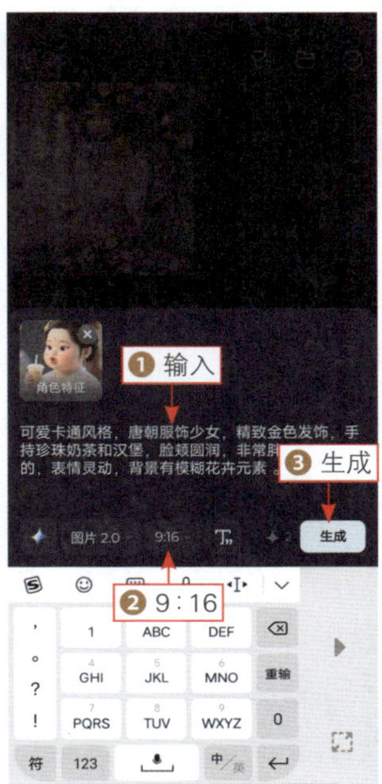

图 4-6　输入提示词生成图片

图 4-7　选择相应的图片

4.2 用即梦对口型，制作数字人

扫码看教学视频

即梦AI的数字人功能可以让静态图片或卡通形象“开口说话”，实现对口型效果，从而制作数字人形象视频，效果如图4-8所示。

图 4-8 视频效果

下面介绍在即梦手机版中制作数字人视频的操作方法。

步骤 01 在即梦手机版中选择经过超清处理的图片，如图4-9所示。

步骤 02 进入相应的界面，点击“数字人”按钮，如图4-10所示。

步骤 03 进入“数字人”界面，在输入框中点击“导入配音视频”按钮，如图4-11所示。

步骤 04 在“系统相册”界面中选择一段配音视频，如图4-12所示。

步骤 05 上传成功后，❶在“数字人”界面中选择“快速”选项；❷点击“立即生成”按钮，如图4-13所示。

步骤 06 稍等片刻，即可生成一段视频，选择视频进入相应的界面，点击“下载”按钮，如图4-14所示，下载和保存视频。

图 4-9　选择经过超清处理的图片

图 4-10　点击“数字人”按钮

图 4-11　点击“导入配音视频”按钮

图 4-12　选择一段配音视频

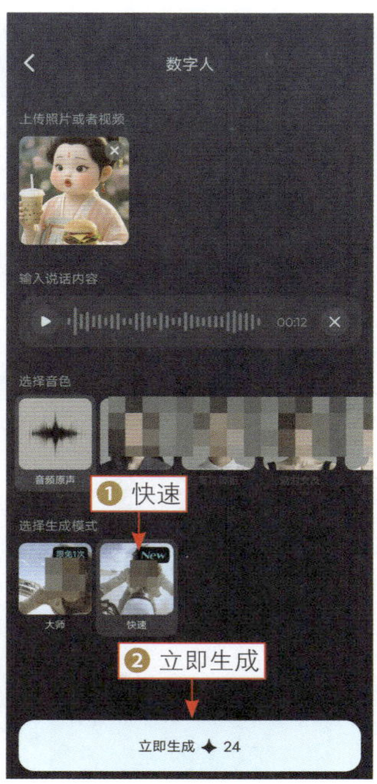

图 4-13　点击“立即生成”按钮

图 4-14　下载视频

4.3 在剪映中剪辑，添加配音字幕

扫码看教学视频

在即梦AI中生成的数字人视频是没有字幕的，为了提升观看体验，可以在剪映手机版中为视频添加配音字幕，视频效果如图4-15所示。

图 4-15 视频效果

下面介绍在剪映手机版中添加配音字幕的操作方法。

步骤 01 打开剪映手机版，导入一段视频素材，点击“字幕”按钮，如图4-16所示。

步骤 02 弹出“识别字幕”面板，❶选择一个喜欢的字幕模板；❷点击“开始识别”按钮，如图4-17所示。

步骤 03 稍等片刻，即可生成相应的配音字幕，如图4-18所示。

图 4-16 点击“字幕”按钮

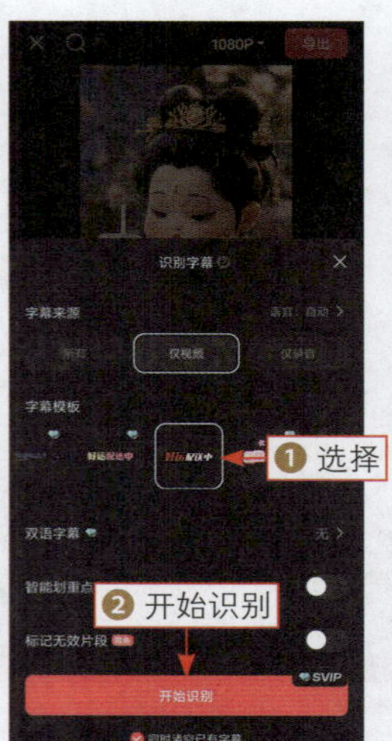

图 4-17 点击“开始识别”按钮

图 4-18 生成相应的配音字幕

第 5 例　古人养生视频

抖音上以古人养生为主题的视频近年来迅速走红，这类内容通常结合传统文化、中医智慧和现代科技手段（如AI、动画等），以新颖有趣的方式吸引年轻观众。抖音古人养生视频的火爆，是传统文化复兴、健康焦虑催化和短视频技术创新的共同结果。它们以趣味化、实用化的方式，让千年养生智慧焕发新生，既满足了年轻人的健康需求，也强化了文化认同。本例将为大家介绍古人养生视频的制作技巧。

5.1 用豆包以文生图，制作养生图片

扫码看教学视频

相较于即梦AI而言，在豆包中生成图片目前是免费的，用户可以免费在豆包中以文生图制作养生图片，部分图片效果如图5-1所示。

下面介绍在豆包手机版中制作养生图片的操作方法。

图 5-1　部分图片效果

步骤 01 打开豆包手机版，进入“AI生图”界面，❶在输入框中输入相应的提示词，默认设置比例为9∶16；❷点击“发送”按钮，如图5-2所示。

步骤 02 稍等片刻，即可生成4张图片，点击所选图片左下角的“下载”按钮，如图5-3所示，把图片保存至手机中。同理，根据资源文件夹中提供的提示词，即可生成其他4张养生图片。

图 5-2　输入提示词生成图片

图 5-3　下载图片

5.2　用即梦以图生视频，制作动态画面

即梦AI中的视频3.0模型在运镜流畅度、人物表情捕捉、物理模拟、多主体交互等方面实现了显著提升，被业界誉为“AI视频创作的核弹级升级”，用户可以多使用该模型生成视频，部分视频效果如图5-4所示。

扫码看教学视频

下面介绍在即梦AI手机版中制作动态视频的操作方法。

图 5-4　部分视频效果

步骤 01 打开即梦手机版，点击“导入图片”按钮 ![+]，在“系统相册”界面中选择一张图片，如图 5-5 所示。

步骤 02 ❶在输入框中输入相应的提示词；❷设置模型为“视频 3.0”；❸点击“生成”按钮，如图5-6所示。

步骤 03 稍等片刻，即可生成一段视频，选择视频，如图5-7所示，下载视频。同理生成其他4段视频。

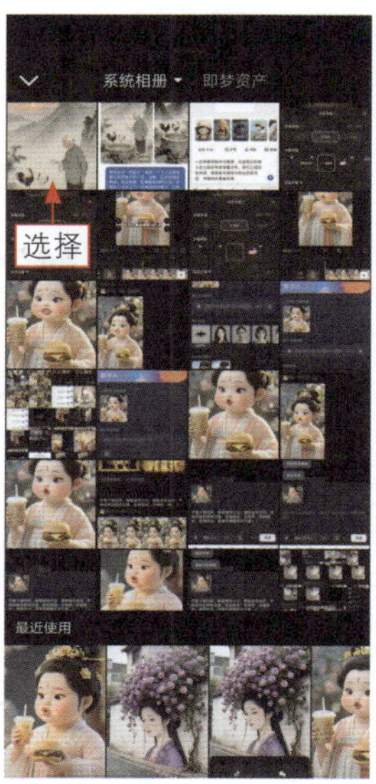

图 5-5　选择一张图片

图 5-6　输入提示词生成视频

图 5-7　选择视频

5.3 在剪映中添加字幕，制作养生视频

扫码看教学视频

一段完整的视频离不开配音和字幕，在剪映中通过添加配音和字幕，可以让养生视频画面更有代入感，视频效果如图5-8所示。

图 5-8 视频效果

下面介绍在剪映手机版中制作养生视频的操作方法。

步骤 01 打开剪映手机版，依次导入5段视频素材，点击“音频”按钮，如图5-9所示。

步骤 02 在弹出的二级工具栏中点击“提取音乐”按钮，如图5-10所示。

步骤 03 ❶在“照片视频”界面中选择一段配音视频素材；❷点击“仅导入视频的声音”按钮，如图5-11所示，为视频添加配音。

步骤 04 根据配音内容，调整5段视频素材的时长，依次为4.0s、3.7s、3.5s、4.3s和4.0s，如图5-12所示。

步骤 05 回到一级工具栏，在视频起始位置点击“字幕”按钮，如图5-13所示。

步骤 06 弹出“识别字幕”面板，❶选择一个自己喜欢的字幕模板；❷点击“开始识别”按钮，如图5-14所示。

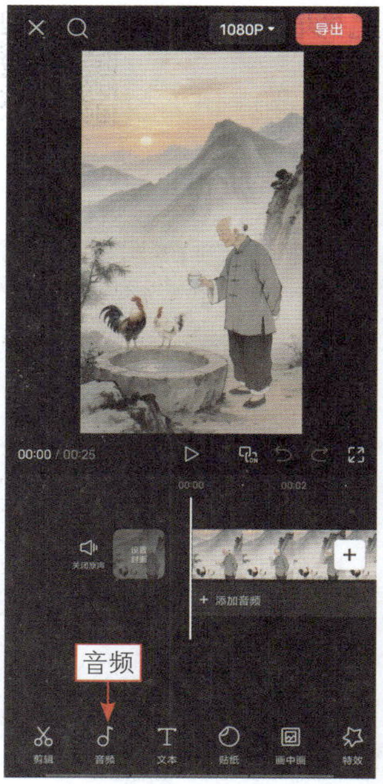

图 5-9　点击“音频”按钮

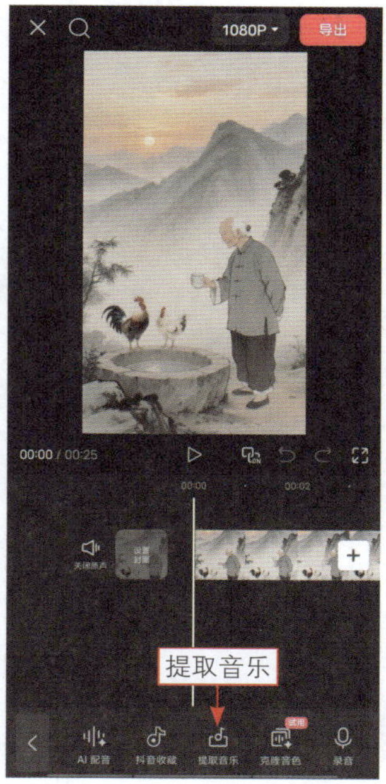

图 5-10　点击“提取音乐”按钮

图 5-11　为视频添加配音

图 5-12　调整 5 段视频素材的时长

图 5-13　点击“字幕”按钮

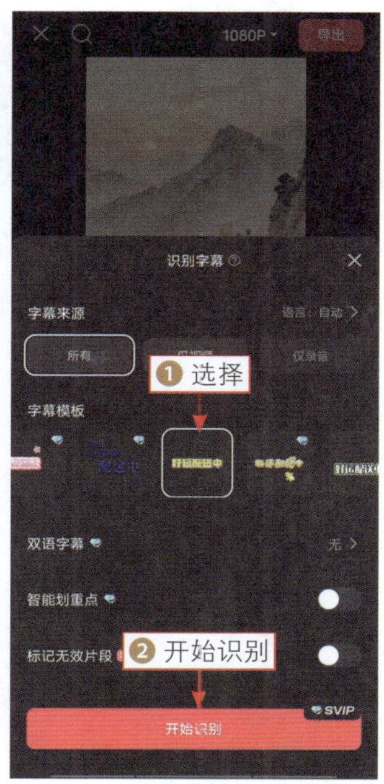

图 5-14　点击“开始识别”按钮

步骤 07 稍等片刻，即可生成相应的配音字幕，点击“编辑字幕”按钮，如图5-15所示。

步骤 08 ❶在“编辑字幕”面板中添加一些标点，并更改相应的文字内容；❷点击✓按钮，如图5-16所示。

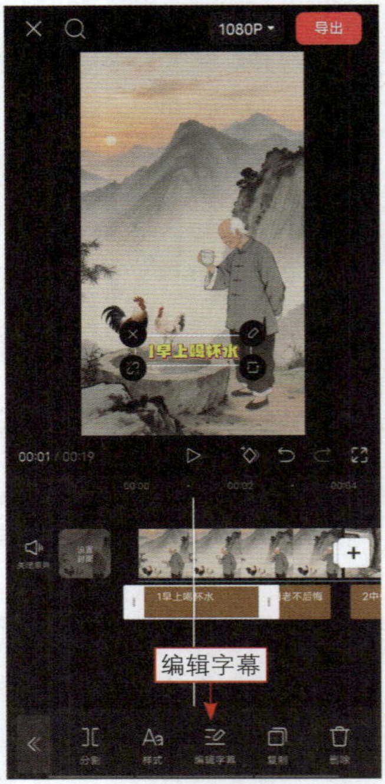

图 5-15　点击“编辑字幕”按钮

图 5-16　更改文字内容

第 6 例　萌娃劳作视频

萌娃劳作视频通常展现儿童参与农耕、收割、种植等乡村劳动的场景，既传递了劳动光荣的理念，又因其真实、治愈的特质吸引了大量观众。萌娃们笨拙但认真的劳作方式形成了强烈的反差，部分视频还会加入幽默元素，展现孩子们的童真和可爱，让人看了忍俊不禁，并获得治愈感。本例将为大家介绍萌娃劳作视频的制作技巧。

6.1 用 Kimi 手机版，生成提示词

扫码看教学视频

Kimi手机版功能强大，适合移动创作场景下灵感的捕捉与内容的即时生成。而且，Kimi移动端的“多轮追问”能力也能在移动环境中稳定运行，使得用户即使脱离电脑，也能流畅地提问。图6-1所示为Kimi手机版的对话界面。

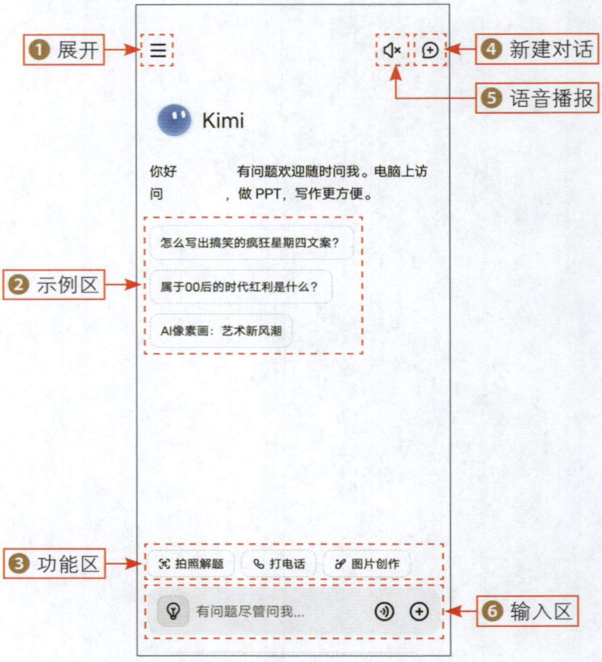

图 6-1　Kimi 手机版的对话界面

下面对Kimi手机版对话界面中的组成部分进行详细介绍。

❶ 展开☰：点击该按钮，界面左侧会弹出侧边栏，其中显示了账号信息、“探索Kimi+”按钮和历史对话。

❷ 示例区：该区域会显示一些热门话题，用户可以点击感兴趣的话题，体验与Kimi进行对话的过程。

❸ 功能区：该区域会显示一些Kimi的热门功能，如“拍照解题”“打电话”“图片创作”“翻译”和“写作”等，用户可以点击相关按钮，体验对应的功能。

❹ 新建对话⊕：点击该按钮，即可创建一个新的对话界面。

❺ 语音播报🔇：Kimi的语音播报功能，可以一边生成回复，一边将回复朗

读出来。不过，该功能默认是关闭的状态，如果用户有需求，要先点击“语音播报”按钮，将其开启后，再进行对话。

❻ 输入区：该区域包括输入框、长思考（K1.5）按钮、语音输入按钮和上传按钮这4个部分，用户可以输入提示词与AI进行对话；也可以点击相关按钮，使用对应的功能。

☆ 温馨提示 ☆

需要注意的是，即使是相同的提示词，AI 工具每次生成的回复和效果也会存在差别。所以，用户可以把更多的精力放在提示词的编写和实际操作的步骤上。

下面介绍在Kimi手机版中生成提示词的操作方法。

步骤 01 打开Kimi手机版，进入对话界面，❶在输入框中输入相应的提示词；❷点击“发送”按钮，如图6-2所示。

步骤 02 稍等片刻，即可生成相应的回复，点击“复制”按钮复制提示词，如图6-3所示。

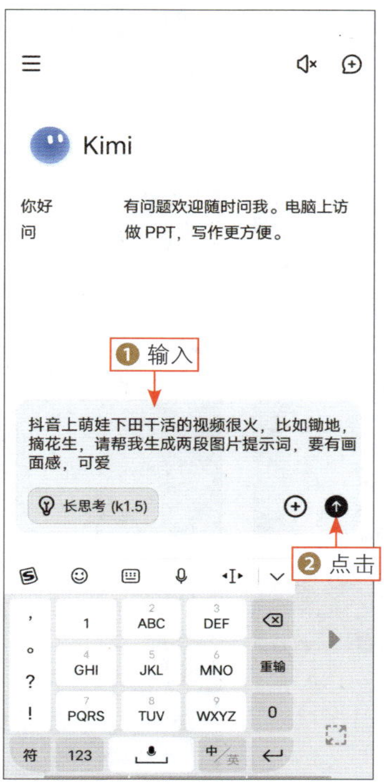

图 6-2　输入提示词

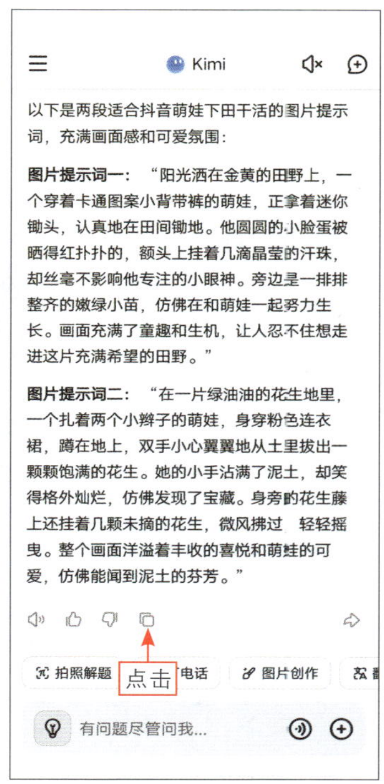

图 6-3　复制回复的提示词

6.2　用即梦以文生图，制作萌娃图片

即梦AI中的图片3.0模型能够精准还原真实细节和质感，去除AI图像常见的虚饰感和假脸感。同时，该模型还支持专业级的画面效果，及更准确的电影类型和镜头语言响应，效果如图6-4所示。

扫码看教学视频

下面介绍在即梦AI手机版中制作萌娃图片的操作方法。

步骤 01 打开即梦 AI 手机版，在“想象”界面中点击输入框，❶在输入框中输入相应的提示词，默认设置模型为“图片 3.0”、比例为 9 ∶ 16；❷点击“生成”按钮，如图 6-5 所示。

步骤 02 稍等片刻，即可生成4张图片，选择相应的图片，如图6-6所示，对其进行超清处理，提升画质。同理，输入提示词，再生成一张萌娃图片并进行超清处理。

图 6-4　图片效果

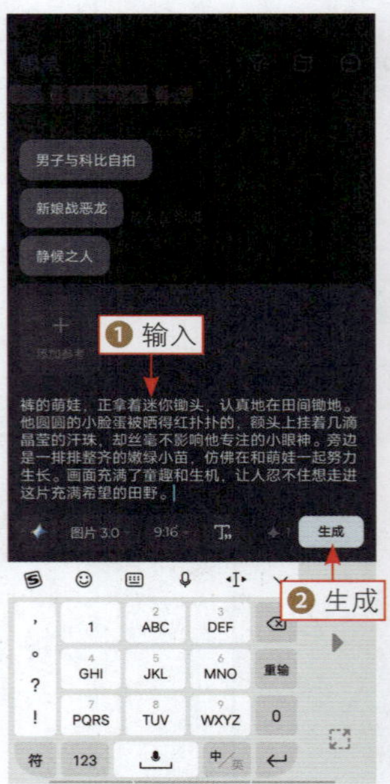

图 6-5　输入提示词生成图片

图 6-6　选择相应的图片

6.3　用即梦以图生视频，制作萌娃视频

即梦AI中的视频3.0模型对人物面部表情的理解和生成能力有了显著增强。生成的人物不再只是“面瘫”或表情单一，而是能展现出更丰富、更细腻的情感变化，眼神、嘴角、微表情都更加真实，让角色“活”了起来，部分效果如图6-7所示。

扫码看教学视频

图 6-7　部分视频效果

下面介绍在即梦AI手机版中制作萌娃视频的操作方法。

步骤 01 在上一小节的基础上，在即梦手机版中选择经过超清处理的萌娃图片，如图 6-8 所示。

步骤 02 进入相应的界面，点击“生成视频”按钮，如图 6-9 所示。

步骤 03 ❶ 在输入框中输入相应的提示词，默认设置模型为“视频 3.0”、比例为 9 ∶ 16；❷ 点击“生成”按钮，如图 6-10 所示。

图 6-8　选择经过超清处理的萌娃图片

图 6-9　点击“生成视频”按钮

步骤 04 稍等片刻，即可生成一段视频，选择视频，如图6-11所示，然后保存视频。同理，使用其他的图片和提示词再生成一段萌娃视频。

图 6-10　输入提示词生成视频

图 6-11　选择视频

6.4　在剪映中对口型，剪辑萌娃视频

剪映的对口型功能通过AI技术，可以使图片或视频中的人物按照准备好的音频或文字内容“开口说话”。它支持使用文案生成音频，也可以直接导入音频文件，让萌娃开口叫“奶奶”，视频效果如图6-12所示。

扫码看教学视频

图 6-12　视频效果

下面介绍在剪映手机版中剪辑萌娃视频的操作方法。

步骤01 打开剪映手机版，依次导入2段视频素材，依次点击“音频”按钮和“音乐”按钮，如图6-13所示。

步骤02 在“音乐”界面中点击搜索栏，❶输入并搜索“婴儿呵呵开心笑”；❷点击所选音乐右侧的“使用”按钮添加音乐，如图6-14所示。

步骤03 ❶调整音频素材的时长，使其对齐第1段视频素材的末尾位置；❷点击“音量”按钮，如图6-15所示。

步骤04 ❶在“音量”面板中设置“音量”参数为567，提升音量；❷点击✓按钮，如图6-16所示。

步骤05 ❶选择第 2 段视频素材；❷点击“AI 对口型”按钮，如图 6-17 所示。

步骤06 弹出相应的面板，❶切换至“修改口型”|“用音频生成”选项卡；❷点击“从音乐库选择”按钮，如图6-18所示。

步骤07 进入“添加音

图 6-13　点击“音乐”按钮

图 6-14　添加音乐（1）

图 6-15　点击“音量”按钮

图 6-16　点击相应按钮

乐”界面，❶输入并搜索“奶奶”；❷点击所选音乐右侧的“使用”按钮添加音乐，如图6-19所示。

图 6-17　点击“AI 对口型”按钮

图 6-18　点击“从音乐库选择”按钮

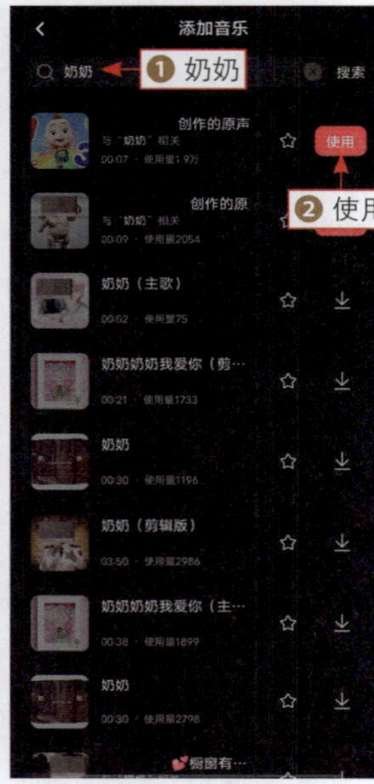

图 6-19　添加音乐（2）

步骤 08 弹出相应的面板，点击“生成”按钮，如图6-20所示。

步骤 09 稍等片刻，即可生成一段对口型视频，❶设置分辨率参数为1080P；❷点击“导出”按钮导出视频，如图 6-21所示。

图 6-20　点击“生成”按钮

图 6-21　导出视频

第 7 例　春分节气视频

节日和节气是文化传承的重要载体，通过视频可以生动展现节日和节气的历史渊源、文化习俗和时代内涵，增强人们对传统文化的认同感和归属感。本例以春分节气AI视频为例介绍制作技巧。除了二十四节气，还有端午节、春节、中秋节、元宵节等节日，都可以制作成宣传视频，弘扬传统文化，它们的制作方法和技巧都是通用的，希望大家学了本例之后，可以举一反三。

7.1 用文小言APP，生成提示词

扫码看教学视频

文小言APP是百度旗下的一款“新搜索”智能助手，原名文心一言APP，它基于文心大模型，提供搜索、创作、聊天等多样化的AI能力，支持语音、文字、图片和文档等多种输入方式，用户不仅可以进行传统的文字搜索，还可以进行语音搜索、图片搜索等，甚至支持边拍边问、边看边问等灵活场景。

文小言APP的界面简洁直观，功能强大，旨在为用户提供一个高效、便捷、愉悦的在线体验。下面介绍文小言APP的对话界面，如图7-1所示。

图7-1 文小言APP的对话界面

下面对文小言APP对话界面中的各主要功能进行详细介绍。

❶ 设置☰：登录完成后，点击该按钮，会弹出设置面板，用户可以进行对话、个性化、通用和其他方面的设置，以便文小言APP更符合用户的使用习惯。

❷ 对话窗口：这是文小言APP的核心功能区之一，是用户与文小言APP进行智能对话的主要区域，会显示用户与文小言APP的对话历史记录，方便用户回顾之前的对话内容，其对于需要持续对话或参考之前信息的场景非常有用。

❸ 功能区：该区域中包含了众多功能，如“蛋小黄”“解题老师”“视频生成”“翻译”等。点击相应按钮，即可使用对应的功能。

❹ 输入区：在该区域中，用户可以点击“上传”按钮＋，在弹出的面板中选择拍照、文档解析或语音通话等形式，实现与AI的互动；也可以在输入框中输入提示词内容进行提问；还可以点击“语音输入”按钮 ıılı，使用语音来输入提示词，让用户可以在不方便打字时继续进行提问。

❺ 搜索按钮Q：点击该按钮，会进入搜索界面，用户可以输入搜索词对对话历史、智能体和社区内容进行搜索。

❻ 模型区：点击该区域，用户可以实现3种模式切换，包括“自动模式（推荐）”“文心大模型”和“DeepSeek-R1满血版”。

❼ 界面标签：该区域包括“助手”“对话”“发现”“我的”4个标签，在“助手”选项卡中，用户可以直接进行提问。用户可以单击界面底部的相应标签，实现在不同功能界面间的切换。

下面介绍在文小言APP中生成提示词的操作方法。

步骤 01 打开文小言APP，进入对话界面，❶设置模型为“文心大模型”；❷在输入框中输入相应的提示词；❸点击“发送”按钮，如图7-2所示。

步骤 02 稍等片刻，即可生成相应的回复，点击“复制”按钮复制提示词，如图 7-3 所示。

图 7-2　输入提示词

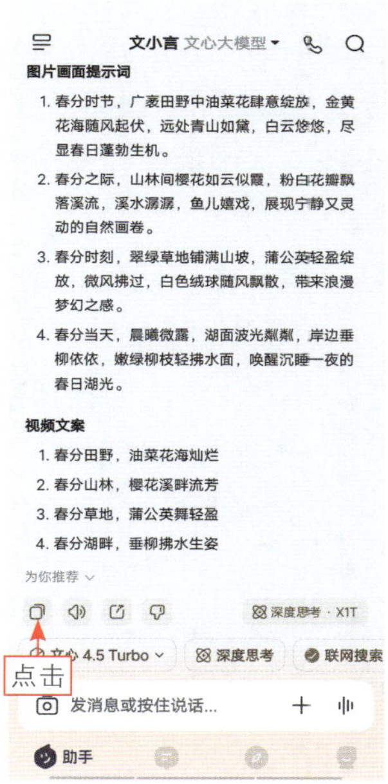

图 7-3　复制回复的提示词内容

7.2　用可灵以文生图，制作节气图片

可灵AI手机版更加便于移动创作场景下的操作，适合在灵感突发时快速生成视频片段，也方便于将视频直接发布或保存到手机相册中。图7-4所示为可灵AI手机版的“首页”界面。

扫码看教学视频

下面对可灵AI手机版“首页”界面中的组成部分进行详细介绍。

❶ 展开：点击该按钮，即可展开侧边栏，查看和管理账号的相关信息。

❷ 功能区：该区域展示了可灵AI的6大功能，包括“图生视频”“文生图”“文生视频”“多模态编辑”“创意特效”和“AI音效”，创作者点击任意按钮，即可进入对应的生成界面。

❸ 创意圈：该区域展示了其他创作者发布的作品，并分为“推荐”“视频”“图片”和“短片”4个选项卡，创作者可以查看、点赞和评论这些作品；也可以将前3个选项卡中的作品作为模板，轻松生成同款效果。

图 7-4 可灵 AI 手机版的“首页”界面

❹ 导航栏：在该区域显示了可灵AI手机版的4个界面按钮和“生成”按钮，除了“首页”界面之外，创作者可以在“创意圈”界面查看更多别人的作品；也可以点击“生成”按钮，进行图片/音效/视频的创作；还可以在“资产”界面中查看账号生成的所有作品。而在“我的”界面中，创作者可以查看账号发布和点赞的作品。

在生成节气图片的时候，可以使用可灵AI手机版，生成和制作具有美感的图片，部分图片效果如图7-5所示。

图 7-5 部分图片效果

下面介绍在可灵AI手机版中制作节气图片的操作方法。

步骤 01 打开可灵 AI 手机版，点击“文生图”按钮，如图 7-6 所示，进入“文生图”界面。

步骤 02 ❶ 在输入框中输入相应的提示词；❷ 选择“人物长相”选项，默认设置比例为 9 ∶ 16；❸ 点击“立即生成”按钮，如图 7-7 所示。

图 7-6　点击“文生图”按钮

图 7-7　输入提示词生成图片

步骤 03 稍等片刻，即可生成图片，选择图片，如图 7-8 所示。

步骤 04 进入相应的界面，❶选择自己喜欢的图片；❷点击“下载”按钮，如图7-9所示，在弹出的“下载”面板中选择“下载PNG”选项，下载图片。同理，输入提示词生成其他3张图片。

图 7-8　选择图片

图 7-9　下载图片

7.3　用即梦以图生视频，制作节气视频

在生成节气视频的时候，可以在提示词中加入相应的关键词，从而生成流畅而又唯美的视频画面，部分视频效果如图7-10所示。

扫码看教学视频

图 7-10　视频效果

下面介绍在即梦AI手机版中制作节气视频的操作方法。

步骤 01 打开即梦AI手机版，点击“导入图片”按钮＋，在“系统相册”界面中选择一张图片，如图7-11所示。

步骤 02 ❶在输入框中输入相应的提示词；❷设置模型为“视频3.0”；❸点击“生成”按钮，如图7-12所示。

步骤 03 稍等片刻，即可生成一段视频，选择视频，如图7-13所示，下载和保存视频。同理，导入相应的图片并输入相应的提示词生成其他3段视频。

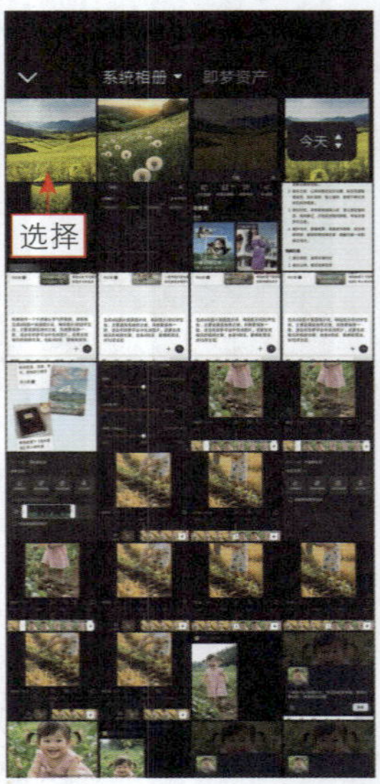

图 7-11　选择一张图片

图 7-12　输入提示词生成视频

图 7-13　选择视频

7.4　在剪映中添加贴纸，剪辑节气视频

为了让节气视频中的每一帧都像壁纸一样，可以为视频添加文字贴纸，以增强氛围。除此之外，还可以添加配音和字幕提升视频质感，视频效果如图7-14所示。

扫码看教学视频

图 7-14　视频效果

下面介绍在剪映手机版中剪辑节气视频的操作方法。

步骤 01 打开剪映手机版，依次导入4段视频素材，依次点击“文本”按钮和“新建文本”按钮，如图7-15所示。

步骤 02 ❶在输入框中输入视频文案；❷点击✓按钮，如图7-16所示。

步骤 03 点击“文本朗读”按钮，如图7-17所示。

步骤 04 弹出相应的面板，❶切换至“男声”选项卡；❷选择“云泽大叔”选项并点击“调整参数”按钮，如图7-18所示。

图 7-15　点击“新建文本”按钮

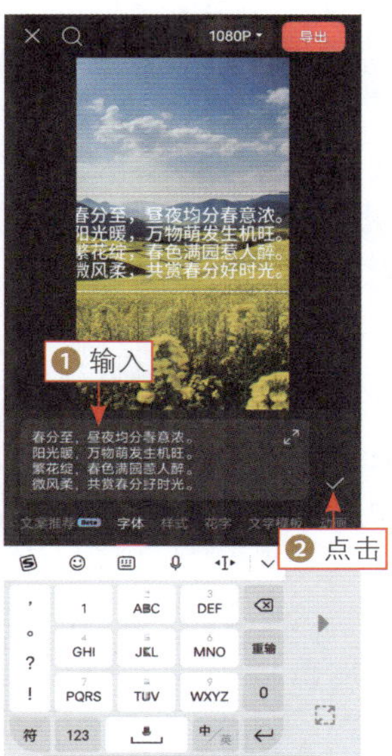

图 7-16　点击相应按钮（1）

步骤 05 ❶在“调整参数”面板中设置“语速”为0.8×，放慢朗读的速度；❷点击✓按钮，如图7-19所示。

图 7-17　点击“文本朗读”按钮

图 7-18　点击“调整参数”按钮

图 7-19　调整语速

步骤 06 ❶选择文本；❷点击“删除”按钮，如图7-20所示，删除文本。

步骤 07 ❶选择朗读音频素材；❷点击“音量”按钮，如图7-21所示。

步骤 08 ❶设置“音量”参数为526，提升音量；❷点击✓按钮，如图7-22所示。

步骤 09 回到上一级工具栏，点击“音乐”按钮，如图 7-23 所示。

步骤 10 在“音乐”界面中点击搜索栏，❶输入并搜索“春分”；❷点击所选音乐右

图 7-20　删除文本

图 7-21　点击“音量”按钮（1）

侧的“使用”按钮添加音乐，如图7-24所示。

图 7-22　提升音量

图 7-23　点击“音乐”按钮

图 7-24　添加音乐

步骤 11 ❶通过拖曳音频素材左右两侧白框的方式，调整音乐的时长，使其对齐朗读音频素材的时长；❷点击“音量”按钮，如图7-25所示。

步骤 12 ❶ 设置“音量”参数为 55，降低背景音乐的音量，突出人声朗读的声音；❷ 点击✓按钮，如图 7-26 所示。

步骤 13 ❶ 根据音频朗读的内容，调整4段视频素材的时长；❷点击第3段视频素材和第4段视频素材之间的“转场”按钮⎣|⎦，如图7-27所示。

步骤 14 弹出相应的面板，❶在“热门”选项卡中选择“叠化”选项；❷点击“全局应用”

图 7-25　点击“音量”按钮（2）

图 7-26　降低背景音乐的音量

按钮，为使用视频素材之间添加相同的转场；③点击✓按钮，如图7-28所示。

步骤 15 在一级工具栏中点击“字幕”按钮，如图7-29所示。

图 7-27　点击“转场”按钮

图 7-28　添加转场

图 7-29　点击“字幕”按钮

步骤 16 弹出“识别字幕”面板，点击“开始识别”按钮，如图7-30所示，快速识别视频中的字幕内容。

步骤 17 识别字幕之后，点击“样式”按钮，如图 7-31 所示。

步骤 18 弹出相应的面板，①切换至“模板”|“影视混剪”选项卡；②选择一个模板，如图 7-32 所示。

步骤 19 ①切换至“样式”|“粗斜体”选项卡；②选择一个样式；③选择加粗选项B；④点击✓按钮，如图 7-33 所示。

图 7-30　点击“开始识别”按钮

图 7-31　点击“样式”按钮

步骤20 点击“编辑字幕”按钮，如图7-34所示。

图 7-32　选择一个模板

图 7-33　点击相应按钮（2）

图 7-34　点击“编辑字幕”按钮

步骤21 根据原字幕的排版，❶在“编辑字幕”面板中调整字幕的排版结构；❷调整字幕的大小和位置；❸点击Aa按钮，如图7-35所示。

步骤22 ❶在“字体”选项卡中取消选中“应用到所有字幕”单选按钮，方便后续调整每段字幕的位置；❷点击✓按钮，如图7-36所示。

步骤23 ❶选择第3段字幕素材；❷调整文字的画面位置，如图7-37所示。同理，剩下的字幕也要根据画面调整其位置。

步骤24 在视频的起始位置点击“贴纸”按钮，如图7-38所示。

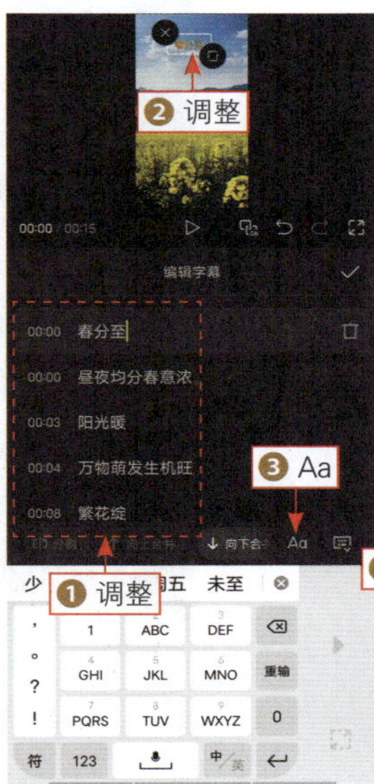

图 7-35　点击 Aa 按钮

图 7-36　点击相应按钮（3）

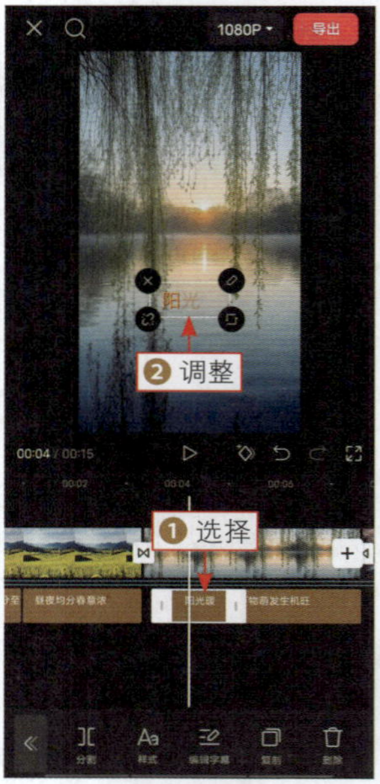

图 7-37　调整文字的画面位置

图 7-38　点击“贴纸”按钮

步骤 25 ❶搜索栏中输入并搜索“春分”；❷在搜索结果中选择一款贴纸；❸调整贴纸的位置；❹点击“取消”按钮，如图7-39所示。

步骤 26 调整贴纸的时长，使其对齐第1段视频素材的时长，如图7-40所示。同理，为剩下的3段视频素材添加合适的“春分”贴纸，并调整其画面大小、位置和时长。

图 7-39　添加贴纸并调整位置

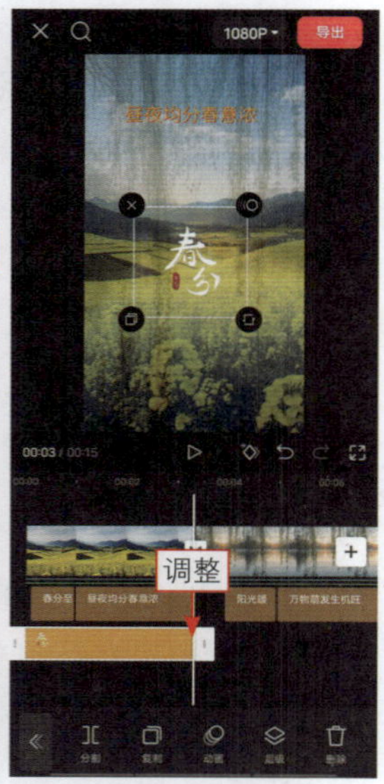

图 7-40　调整贴纸的时长

第 8 例　诗词动画视频

诗词动画视频结合人工智能技术、古诗文化与动画创意，形成了一种兼具教育性、艺术性和趣味性的内容形式，深受用户喜爱。视频利用AI配音、制作动态场景，让古诗“活”了起来。本例以古诗动画AI视频为例介绍制作技巧。除了诗词动画视频，用户在学完本例之后，还可以制作成语故事、寓言故事、文言文故事视频，它们的制作方法和技巧都是通用的，希望大家可以举一反三。

8.1 用 DeepSeek，生成分镜文案

DeepSeek能够基于文本描述，快速生成包含画面描述、镜头运动、景别等信息的分镜文案，大大节省了时间。在生成图片提示词的时候，DeepSeek可以生成适配于AI工具的提示词文案。下面介绍在DeepSeek手机版中生成分镜提示词文案的操作方法。

扫码看教学视频

步骤 01 打开DeepSeek手机版，进入对话界面，点击输入框，❶在输入框中输入相应的提示词；❷点击“发送”按钮，如图8-1所示。

步骤 02 稍等片刻，即可生成相应的回复内容，点击“复制”按钮复制文案，如图8-2所示。

图 8-1 输入提示词

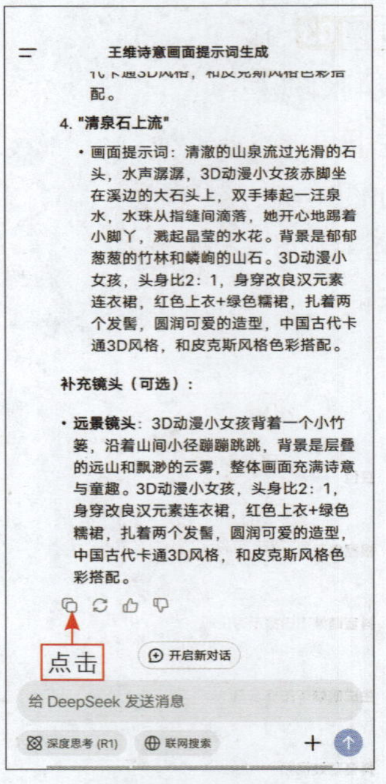

图 8-2 复制文案

8.2 用豆包以文生图，制作古诗图片

在豆包手机版的对话界面中，用户可以直接输入提示词，让豆包生成满足相应画面要求的图片，部分图片效果如图8-3所示。

扫码看教学视频

下面介绍在豆包手机版中制作古诗图片的操作方法。

步骤 01 打开豆包手机版，❶在“对话”界面中点击⊕按钮；❷在弹出的列表框中选择“创建新对话”选项，如图8-4所示。

步骤 02 进入“新对话”界面，❶在输入框中输入相应的提示词；❷点击“发送”按钮，如图 8-5 所示。

步骤 03 稍等片刻，即可生成4张图片，点击所选图片左下角的“下载”按钮，如图8-6所示，把图片保存至手机中。同理，输入提示词生成和保存其他4张图片。

图 8-3　部分图片效果

图 8-4　选择“创建新对话”选项

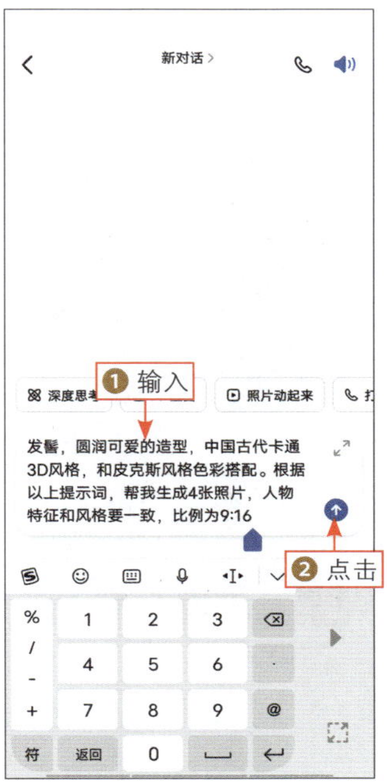

图 8-5　输入提示词生成图片

图 8-6　点击下载图片

8.3 用即梦以图生视频，制作运镜视频

在即梦AI中生成视频的时候，可以在原有画面的基础上，加入一些合适的提示词，让即梦生成稳定又和谐的动态视频画面。除了人物的动作提示词外，还可以加入相应的运镜，如推近、拉远、跟随等，让画面更动感，部分视频效果如图8-7所示。

扫码看教学视频

下面介绍在即梦AI手机版中制作运镜视频的操作方法。

步骤 01 打开即梦 AI 手机版，点击“导入图片”按钮 ，在“系统相册”界面中选择一张图片，如图 8-8 所示。

步骤 02 ❶ 在输入框中输入相应的提示词；❷ 设置模型为“视频 3.0”；❸ 点击“生成”按钮，如图 8-9 所示。

步骤 03 稍等片刻，即可生成一段视频，选择视频，如图8-10所示，下载和保存视频。同理，导入相应的图片并输入相应的提示词，生成其他4段视频。

图 8-7 部分视频效果

图 8-8 选择一张图片

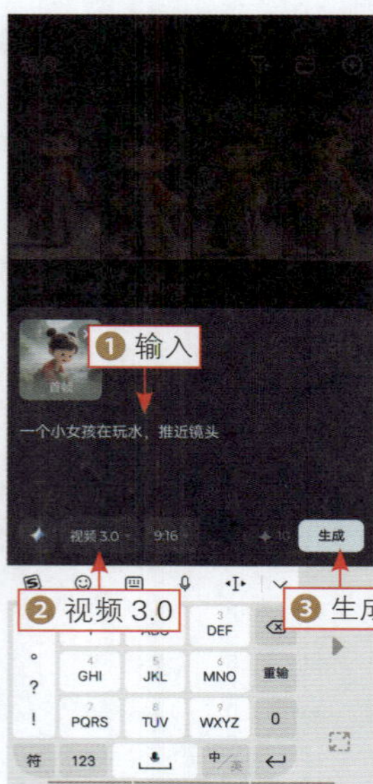

图 8-9 输入提示词生成视频

图 8-10 选择视频

8.4　在剪映中添加字幕，剪辑古诗视频

在剪映中剪辑AI古诗动画视频时，通过添加字幕和朗读配音，能将古诗的意境与生动的动画结合起来，给观众带来独特的视听体验，视频效果如图8-11所示。

扫码看教学视频

图 8-11　视频效果

下面介绍在剪映手机版中剪辑古诗视频的操作方法。

步骤 01 打开剪映手机版，依次导入 5 段视频素材，点击“文本”按钮，如图 8-12 所示。

步骤 02 在弹出的二级工具栏中点击“新建文本”按钮，如图8-13所示。

步骤 03 ❶在输入框中输入视频文案；❷点击✓按钮，如图8-14所示。

步骤 04 点击“文本朗读”按钮，如图8-15所示。

步骤 05 弹出相应的面板，❶切换至“童声”选项卡；❷选择“可爱童声”选项，❸点击✓按钮，如图8-16所示。

图 8-12　点击“文本”按钮

图 8-13　点击“新建文本”按钮

图 8-14　输入视频文案

图 8-15　点击“文本朗读”按钮

图 8-16　选择“可爱童声”选项

步骤 06 默认选择文本，点击“删除”按钮删除文本，如图8-17所示。

步骤 07 ❶选择朗读音频素材；❷点击“音量”按钮，如图8-18所示。

步骤 08 ❶设置“音量”为519，提升音量；❷点击✓按钮，如图8-19所示。

步骤 09 回到上一级工具栏，点击“音乐”按钮，如图 8-20所示。

步骤 10 在“音乐”界面中点击搜索栏，❶输入并搜索“欢快愉悦”；❷点击所选音乐右侧的“使用”按钮添加音乐，如图 8-21 所示。

图 8-17　删除文本

图 8-18　点击“音量”按钮（1）

图 8-19　提升音量

图 8-20　点击“音乐”按钮

图 8-21　添加音乐

步骤 11 ①调整音乐的时长，使其末尾位置对齐朗读音频素材的时长；②点击“音量”按钮，如图8-22所示。

步骤 12 ①设置“音量”为45，降低背景音乐的音量，突出人声朗读的声音；②点击✓按钮，如图 8-23 所示。

步骤 13 ①根据音频朗读的内容，调整5段视频素材的时长；②点击第4段视频素材和第5段视频素材之间的“转场”按钮|ı|，如图8-24所示。

步骤 14 弹出相应的面板，在“叠化”选项卡中选择“叠化”选项，如图 8-25 所示。

图 8-22　点击“音量”按钮（2）

图 8-23　降低音量

步骤 15 ①点击“全局应用”按钮，为所有的视频素材之间都添加相同的转场；❷点击✓按钮，如图8-26所示。

图 8-24　点击“转场”按钮

图 8-25　选择“叠化”选项

图 8-26　添加转场

步骤 16 在一级工具栏中点击“字幕”按钮，如图8-27所示。

步骤 17 弹出“识别字幕”面板，点击✕按钮，如图8-28所示。

步骤 18 继续点击“输入字幕”按钮，如图8-29所示。

图 8-27　点击“字幕”按钮

图 8-28　点击相应按钮

图 8-29　点击“输入字幕”按钮

☆ 温馨提示 ☆

自动识别的字幕断句不统一，手动输入字幕可以保证排版统一。

步骤 19 ❶ 输入古诗字幕；❷ 取消选中“配音”复选框；❸ 点击“下一步”按钮，如图 8-30 所示。

步骤 20 即可生成字幕，根据配音内容，❶ 调整每段字幕的时长和轨道位置；❷ 选择相应的字幕；❸ 点击“样式”按钮，如图 8-31 所示。

步骤 21 弹出相应的面板，❶ 切换至“字体”|“创意”选项卡；❷ 选择合适的字体，如图 8-32 所示。

步骤 22 ❶ 切换至“样式”选项卡；❷ 选择一个样式；❸ 放大文字，如图 8-33 所示。

步骤 23 ❶ 切换至“动画 | 入场”选项卡；❷ 选择“渐显”入场动画；❸ 点击✓按钮，如图 8-34 所示。

步骤 24 ❶选择诗名字幕素材；❷点击“样式”按钮，如图8-35所示。

步骤 25 弹出相应的面板，取消选中“应用到所有字幕”单选按钮，如图 8-36 所示。

步骤 26 ❶ 切换至“字体”|“书法”选项卡；❷ 选择合适的字体，如图 8-37 所示。

图 8-30　点击相应按钮（1）

图 8-31　点击“样式”按钮（1）

图 8-32　选择合适的字体（1）

图 8-33　放大文字

图 8-34　点击相应按钮（2）

图 8-35　点击“样式”按钮（2）

图 8-36　取消选中“应用到所有字幕”单选按钮

步骤 27 ①切换至“样式”选项卡；②选择一个样式；③调整文字的大小和画面位置；④点击✓按钮，如图8-38所示。

图 8-37　选择字体

图 8-38　点击相应按钮（3）

步骤 28 ❶选择诗人字幕；❷点击“样式”按钮，如图8-39所示。

步骤 29 ❶切换至“字体”|“基础”选项卡；❷选择合适的字体，如图8-40所示。

步骤 30 ❶切换至“样式”选项卡；❷选择一个样式；❸调整文字的大小和画面位置；❹点击✓按钮，如图8-41所示。

图 8-39　点击“样式”按钮（3）

图 8-40　选择合适的字体（2）

图 8-41　点击相应按钮（4）

第 9 例　唯美语录视频

抖音上的唯美语录视频（如情感语录、励志短句、人生感悟等）以其简洁而富有哲理的文字、唯美的画面和音乐，吸引了大量用户，尤其是年轻群体。这类视频通常以“文字+画面+配音”的形式呈现，内容涵盖情感、成长、职场、生活态度等，具有强烈的共鸣性和传播性。本例以唯美语录AI视频为例，介绍其在电脑端平台上的制作技巧。网页版/电脑端的AI工具平台与手机版的功能是相通的，本书会在部分章节中补充介绍，兼顾一下电脑端用户的创作需求。

9.1　用智谱清言，生成提示词文案

扫码看教学视频

智谱清言的官方网页设计精简而直观，用户可以快速上手。操作页面中展示了智谱清言的一些常用功能、推荐内容和个性化设置选项，如图9-1所示。

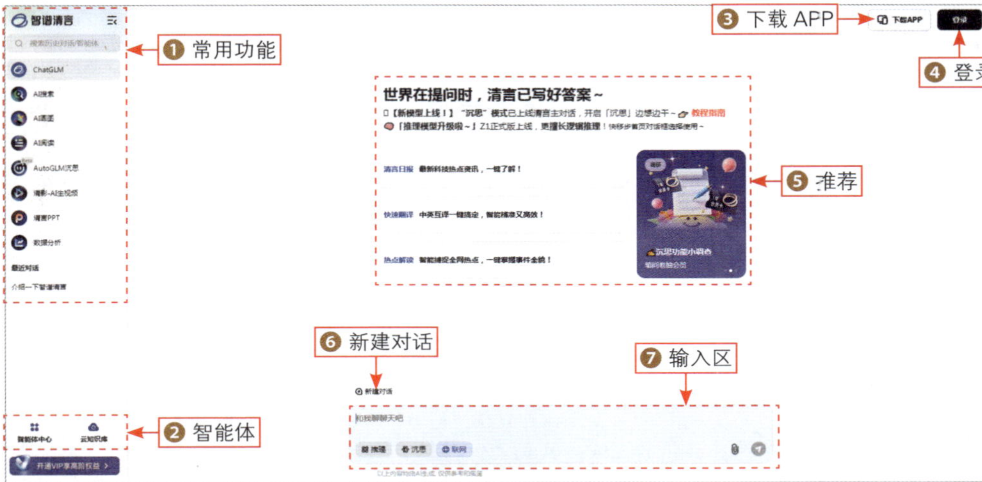

图 9-1　智谱清言网页版的页面组成

下面对智谱清言网页版页面中的各主要部分进行详细介绍。

❶ 常用功能：智谱清言作为一个集成多种人工智能服务的平台，其左侧的导航栏中包含了平台的常用功能。

❷ 智能体：在该板块中，用户可以单击“智能体中心”按钮，进入“智能体中心”页面，查看官方和其他人创建的智能体；也可以单击“云知识库”按钮进入相应页面，查看相应的文件。

❸ 下载APP：单击该按钮，可以下载智谱清言手机版。

❹ 登录：单击该按钮，可以通过手机号和验证码登录智谱清言网页版。

❺ 推荐：该区域可以帮助新用户快速了解平台的功能和特色，指导他们使用智谱清言进行有效的互动和信息检索。

❻ 新建对话：单击该按钮，即可创建一个新的对话窗口，用户可以在此向AI提出新问题，以开启新的对话内容。

❼ 输入区：该区域包含了“上传”按钮、输入框和“发送”按钮，还有3种模式，包括“推理”“沉思”和“联网”。

使用智谱清言也可以生成相应的提示词文案，方便用户后续生成相应的图像。下面介绍用智谱清言生成提示词文案的操作技巧。

步骤 01 登录智谱清言，❶在输入框中输入提示词；❷单击“发送”按钮，如图9-2所示。

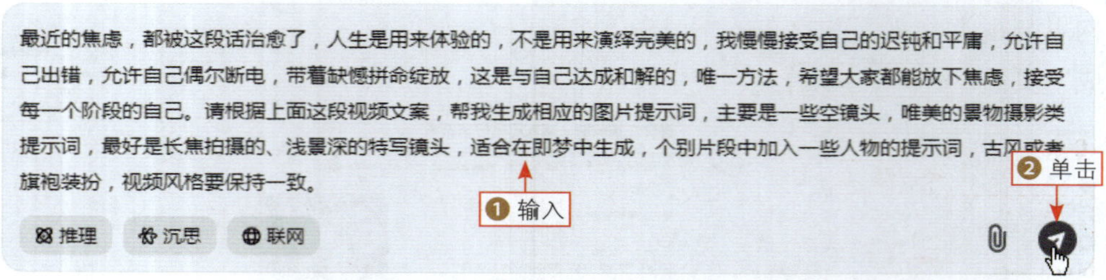

图 9-2　输入提示词

步骤 02 稍等片刻，即可生成相应的回复内容，如图9-3所示。

智谱清言

好的，以下是根据您提供的文案生成的图片提示词，主要是一些空镜头和唯美的景物摄影，并加入了一些人物提示词，风格保持一致，适合在即梦中生成：

整体风格提示词：长焦镜头，浅景深，唯美，电影感，柔和的光线，梦幻，诗意，高级感，胶片质感，8K，4K，画质细腻

空镜头提示词：

迟钝与平庸的接受：长焦镜头，浅景深，一朵半开的，略微枯萎的荷花，焦点在花瓣的纹理上，背景虚化成一片模糊的绿色，阳光透过荷叶洒下斑驳的光影，电影感，柔和的光线，诗意，8K

允许自己出错：长焦镜头，浅景深，一片被风吹乱的芦苇丛，焦点在一根弯曲的芦苇上，露珠从芦苇上滑落，背景虚化成一片朦胧的黄色，夕阳的余晖洒在芦苇上，电影感，梦幻，诗意，4K

……

图 9-3　生成的回复内容

用户可以挑选相应的提示词，在AI生图工具中生成相应的图片效果。可以多生成一些图片效果，然后选取最好的那几张。

☆ 温馨提示 ☆

由于篇幅原因，AI 工具回复的内容只展示要点，详细的回复内容请看随书提供的完整文件。

9.2　用豆包以文生图，制作唯美图片

豆包是一款集文本生成、图像创作和音乐生成等功能为一体的智能AI工具，支持多种创作形式的高效输出。对于需要快速进行AI生图的用户而言，豆包网页版提供了稳定高效的图像输出能力，是构思与视觉化之间的重要桥梁。图9-4所示为豆包网页版的“图像生成”页面。

扫码看教学视频

图 9-4　豆包网页版的“图像生成”页面

下面对豆包网页版“图像生成”页面中的组成部分进行详细介绍。

❶ 新对话：单击该按钮，即可创建一个新的对话窗口。

❷ 导航栏：在该区域中，用户可以单击各选项，进入对应的页面，体验豆包的不同功能。例如，单击“图像生成”选项，即可进入“图像生成”页面。

❸ 历史对话：该区域会显示用户过往的对话记录，用户可以随时查看和管理这些对话。

❹ 设置区：用户在输入框输入提示词后，可以单击设置区的按钮，对图像的参考图、比例和风格进行设置，以便生成的场景图更能满足用户的需求。

❺ 编辑区：豆包除了提供强大的图像生成功能之外，还提供了丰富的图像编辑功能，用户可以单击编辑区的按钮，对已有图像进行编辑。

❻ 模板区：该区域中会随机显示不同类型的图像模板，用户单击对应模板上的“做同款”按钮，即可自动填入模板的提示词和参数，单击“发送”按钮即可生成同款图像。

☆ 温馨提示 ☆

豆包电脑版同样具备图像生成功能，并且页面和功能与网页版非常相似，因此用户可以先在网页版试用，如果觉得不错，再考虑安装豆包电脑版。

在豆包网页版中，用户可以输入相应的提示词，生成相应的唯美风景图片，然后下载和保存自己喜欢的图片，部分图片效果如图9-5所示。

图 9-5　部分图片效果

下面介绍在豆包网页版中制作唯美图片的操作方法。

步骤 01 打开豆包网页版，❶单击“图像生成”选项，切换至“图像生成”页面；❷在输入框中输入相应的提示词；❸单击“比例”按钮，设置“比例”为9∶16；❹单击“风格”按钮，设置“风格”为“电影写真”；❺单击“发送”按钮，如图9-6所示，即可把提示词发送给AI。

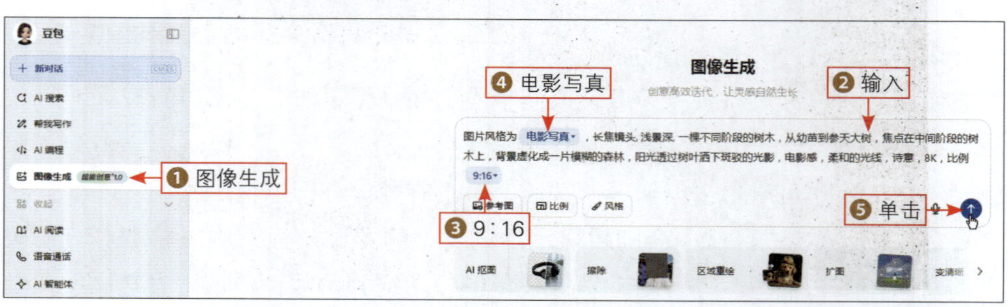

图 9-6　输入提示词生成图片

步骤 02 生成相应4张图片，单击所选图片下方的“下载原图”按钮下载图片，如图9-7所示。同理，在输入框中输入相应的提示词，生成其他6张图片，并下载和保存图片。

图 9-7　下载图片

9.3　用即梦以图生图，制作人物图片

即梦AI是由字节跳动推出的智能视频生成工具，其网页版支持用户通过文字描述或图片提示，生成具有视觉连贯性的场景视频，适合在网页端进行视频画面的创意生成与初步打磨。图9-8所示为即梦AI网页版的“首页”页面。

扫码看教学视频

图 9-8　即梦 AI 网页版的“首页”页面

下面对即梦AI网页版“首页”页面的组成部分进行详细介绍。

❶ 导航栏：该区域显示了即梦AI的主要页面和AI创作功能，用户可以单击相应选项，进入相应的页面或使用对应的功能。

❷ 搜索栏：用户可以在这里输入要搜索的作品关键词，再单击“搜索”按钮查找对应的作品。

❸ 功能区：该区域显示了即梦AI的6大功能，包括“图片生成”“智能画布”“视频生成”“故事创作”“对口型”和“动作模仿”，单击相应按钮，即可使用对应功能。

❹ 作品区：该区域包括“灵感”和“短片”两个选项卡，其中“灵感”选项卡会显示其他用户发布的图片或视频模板，用户可以套用模板轻松生成同款作品；“短片”选项卡则会展示其他用户发布的成品视频，用户可以欣赏这些创意作品。

使用即梦AI，可以通过上传真人照片，生成属于用户自己的唯美写真照片，从而让视频画面更有代入感，增加情景体验，效果如图9-9所示。

图 9-9　图片效果

下面介绍在即梦AI网页版中制作人物图片的操作方法。

步骤 01 在即梦AI网页版的“首页”页面中，单击“AI作图”选项区中的“图片生成”按钮，如图9-10所示。

步骤 02 进入即梦AI的“图片生成”页面，单击“导入参考图”按钮，如图9-11所示。

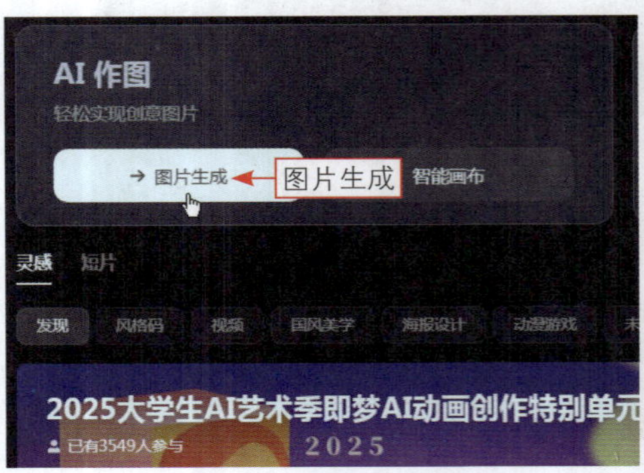

图 9-10　单击“图片生成”按钮

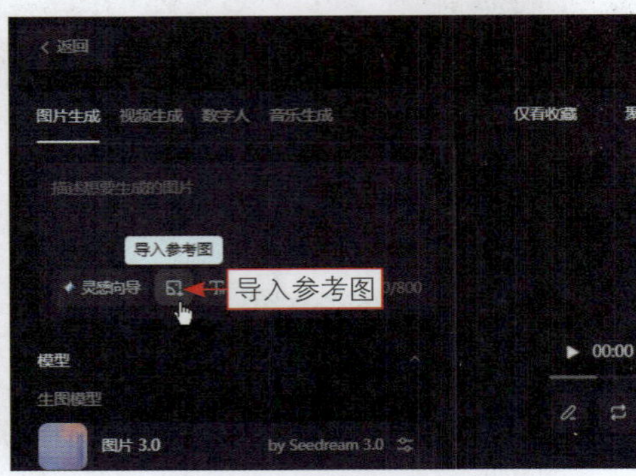

图 9-11　单击“导入参考图”按钮

步骤 03 弹出“打开”对话框，❶在相应的文件夹中选择图片素材；❷单击“打开”按钮，如图9-12所示。

步骤 04 弹出“参考图”面板，❶选中“人像写真”单选按钮；❷单击“保存”按钮，如图9-13所示。

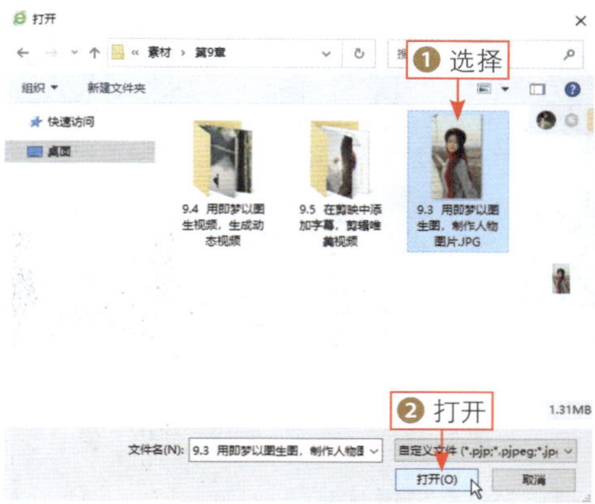

图 9-12　打开图片

图 9-13　保存图片

步骤 05 导入参考图之后，输入相应的提示词，如图9-14所示。

步骤 06 ❶设置“图片比例”为9∶16；❷单击“立即生成”按钮，如图9-15所示。

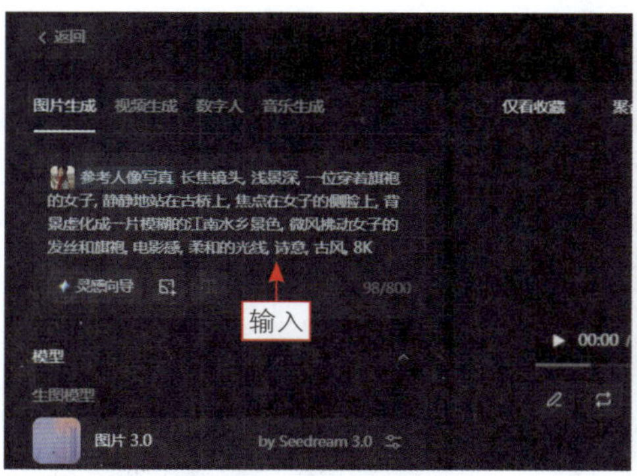

图 9-14　输入相应的提示词

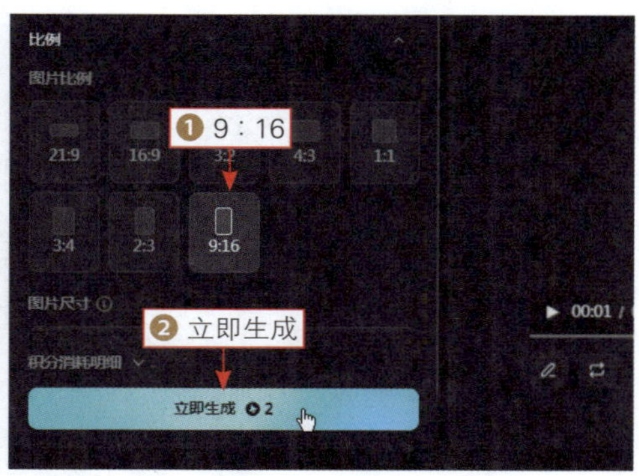

图 9-15　单击“立即生成”按钮

步骤 07 稍等片刻，即可生成4张图片，在相应的图片上方单击“下载”按钮下载图片，如图9-16所示。同理，使用相同的参考图并输入相应的提示词，生成和保存另一张图片。

图 9-16　下载图片

9.4　用即梦以图生视频，生成动态视频

在即梦AI网页版中生成视频的方法与在手机版中生成视频的方法是相通的，都是通过上传首帧图片，然后输入相应的提示词即可生成相应的视频，部分视频效果如图9-17所示。

扫码看教学视频

图 9-17　部分视频效果

下面介绍在即梦AI网页版中生成动态视频的操作方法。

步骤 01 在即梦AI网页版的“首页”页面中，单击“AI视频”选项区中的“视频生成”按钮，如图9-18所示。

步骤 02 进入即梦AI的“视频生成”页面，单击“上传图片”按钮，如图9-19所示。

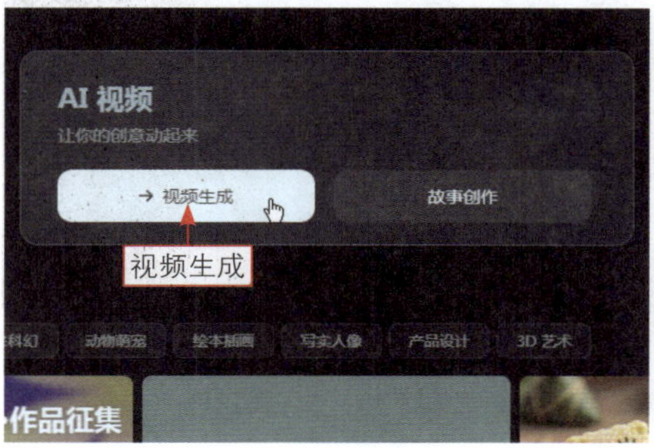

图 9-18　单击“视频生成”按钮

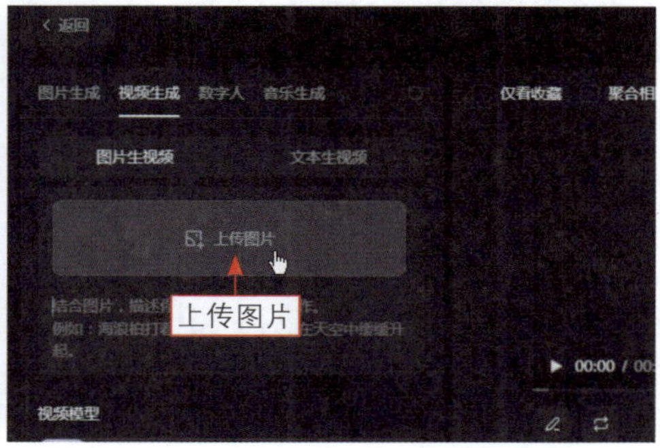

图 9-19　单击“上传图片”按钮

步骤 03 弹出“打开”对话框，❶在相应的文件夹中选择图片素材；❷单击“打开”按钮，如图9-20所示。

步骤 04 导入图片之后，输入相应的提示词，默认设置为“视频3.0”模型，如图9-21所示。

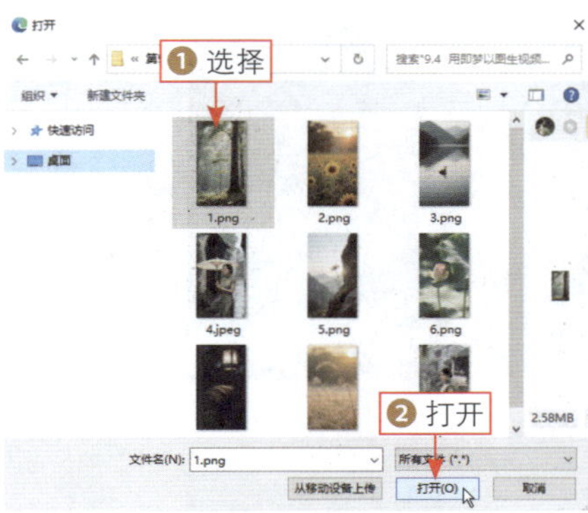

图 9-20　打开图片

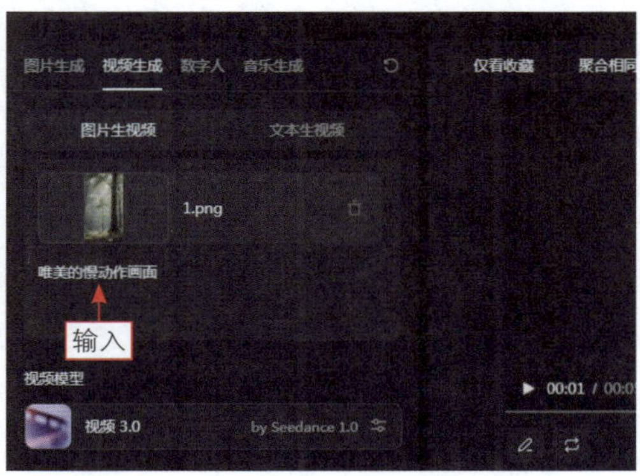

图 9-21　输入相应的提示词

步骤 05 默认“生成时长”为5s，单击“生成视频”按钮，如图9-22所示。

步骤 06 稍等片刻，即可生成一段视频，在视频上方单击“下载”按钮下载视频，如图9-23所示。同理，上传图片并输入相应的提示词，生成和下载其他8段视频。

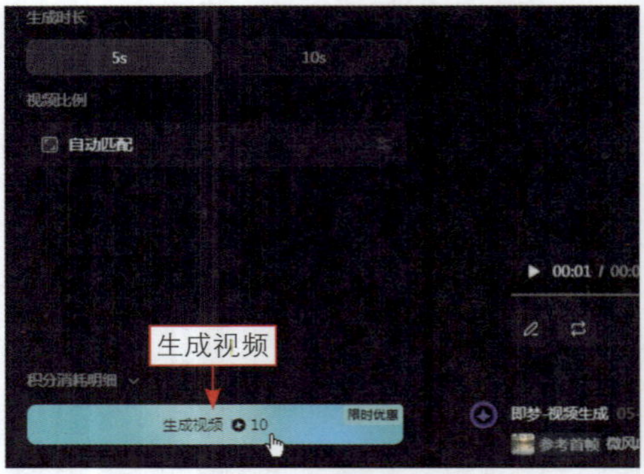

图 9-22　单击“生成视频”按钮

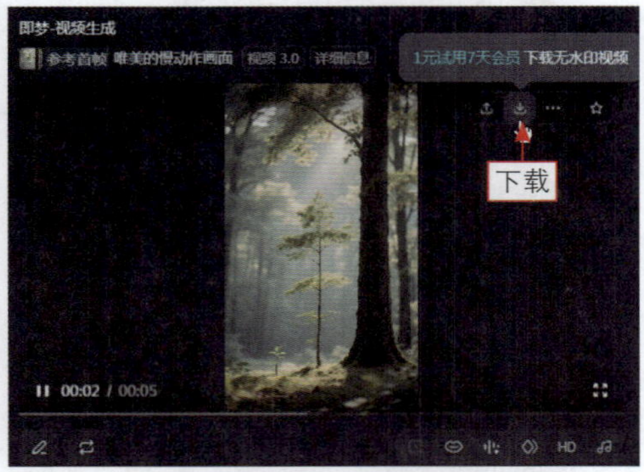

图 9-23　下载视频

9.5　在剪映中添加字幕，剪辑唯美视频

扫码看教学视频

在剪映专业版（电脑版）中导入一段素材，即可进入其视频编辑界面，导入素材后的界面组成如图9-24所示。

图 9-24　剪映专业版的视频编辑界面组成

下面对剪映专业版视频编辑界面中的组成部分进行详细介绍。

① 功能区：功能区中包括了剪映的素材、音频、文本、贴纸、特效、转场、字幕、智能包装、滤镜、调节、模板和数字人等12大功能模块。

② “播放器”面板：在该面板中，创作者可以查看素材的画面效果；单击▶按钮，即可在预览窗口中播放视频；单击“比例”按钮，在弹出的列表框中选择相应的画布尺寸比例，可以调整视频的画面尺寸大小。

❸ 操作区：操作区中提供了画面、变速、动画、调整和AI效果等功能，当创作者选择轨道上的素材后，操作区就会显示各功能。另外，创作者导入不同格式的素材时，操作区中的功能也会有所不同。

❹ 时间轴面板：该面板提供了选择、撤销、恢复、分割、删除、添加标记、定格、倒放、镜像、旋转以及调整大小等常用剪辑功能，当创作者将素材添加或拖曳至该面板中时，会自动生成相应的轨道。

剪映专业版界面简洁，操作难度低，适合新手快速上手。它支持多视频轨、音频轨编辑，可轻松处理复杂编辑项目，视频效果如图9-25所示。

图 9-25　视频效果

下面介绍在剪映专业版中剪辑唯美视频的操作方法。

步骤 01 打开剪映专业版，进入“首页”界面，单击“开始创作”按钮，如图9-26所示，进入视频编辑界面。

步骤 02 在“素材”功能区的“导入”选项卡中单击“导入”按钮，如图9-27所示。

步骤 03 弹出“请选择媒体资源”对话框，❶在相应的文件夹中全选所有的素材；❷单击“打开”按钮导入素材，如图9-28所示。

图 9-26　单击“开始创作”按钮

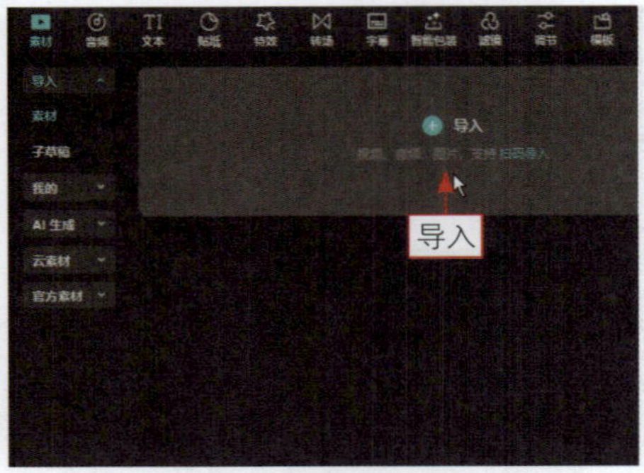

图 9-27　单击“导入”按钮

步骤 04 将所有素材导入到“素材”功能区中，单击第1段视频素材右下角的“添加到轨道”按钮，如图9-29所示，把视频和音频素材依次添加到相应的轨道中。

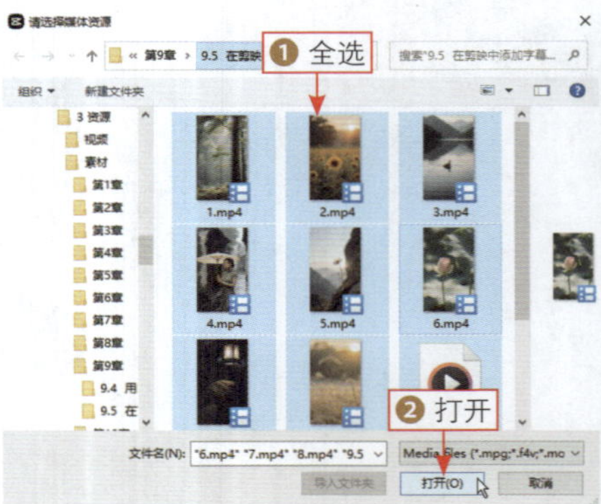

图 9-28　导入素材

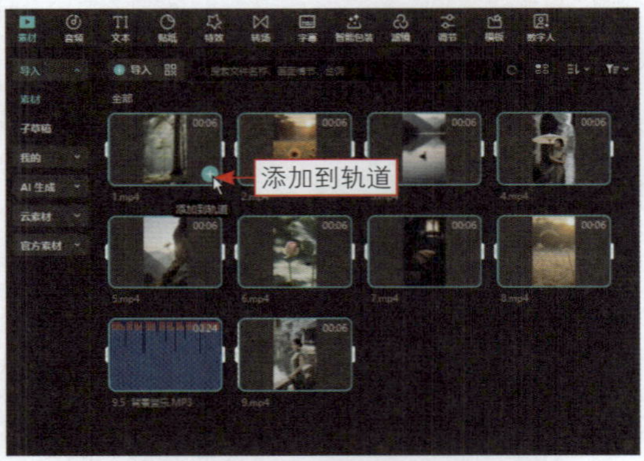

图 9-29　单击“添加到轨道”按钮（1）

步骤 05 根据配音内容，通过拖曳视频素材左右两侧白框的方式，调整9段视频的时长，在音频素材上单击鼠标右键，在弹出的列表框中选择“识别字幕/歌词”选项，如图9-30所示。

步骤 06 识别字幕之后，❶在“文本”选项卡中设置字体；❷设置“字号”为12；❸设置“字间距”为2；❹调整文字的画面位置，如图9-31所示。

步骤 07 ❶切换至“动画 | 入场”选项卡；❷选择“溶解”入场动画，如图9-32所示。

步骤 08 选择第3段字幕素材，❶取消选中“文本、排列、气泡、花字应用到全部字幕”复选框；❷调整字幕的位置，如图9-33所示。同理，根据画面留白，调整剩下字幕的位置。

图 9-30　选择“识别字幕 / 歌词”选项

图 9-31　调整文字的画面位置

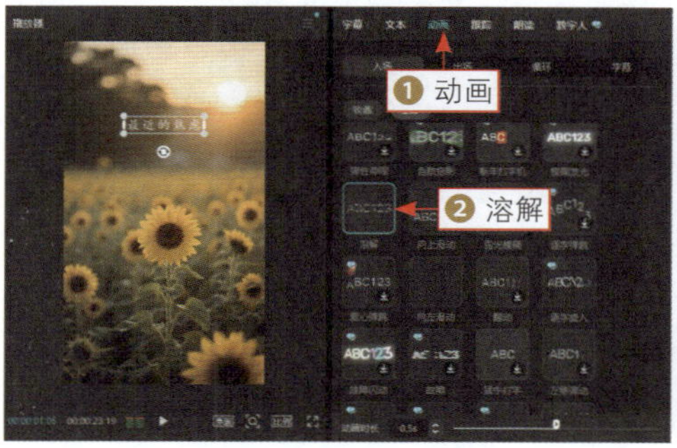

图 9-32　选择“溶解”入场动画

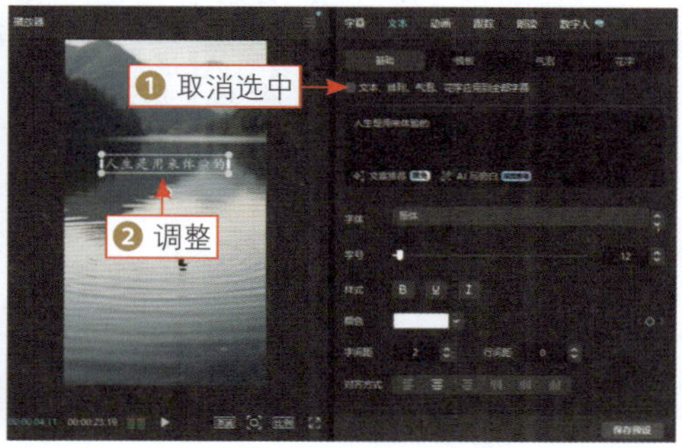

图 9-33　调整字幕的位置

步骤 09 拖曳时间轴至视频的起始位置，❶切换至“转场”功能区；❷在“叠化”选项卡中单击“叠化”转场右下角的“添加到轨道”按钮⊕添加转场，如图9-34所示。

步骤 10 在“转场”选项卡中单击“应用全部”按钮统一添加转场，如图9-35所示。

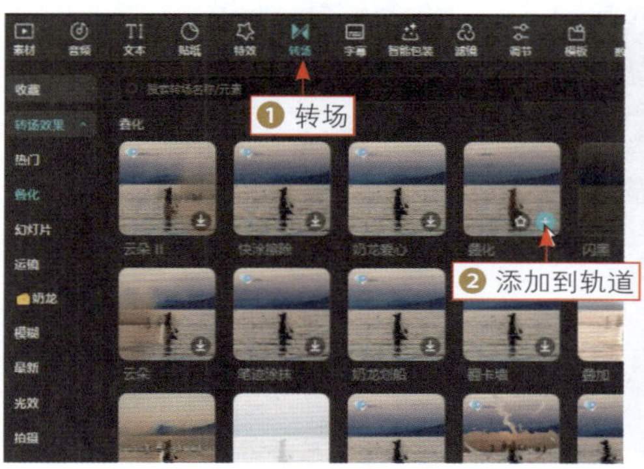

图 9-34　单击“添加到轨道”按钮（2）

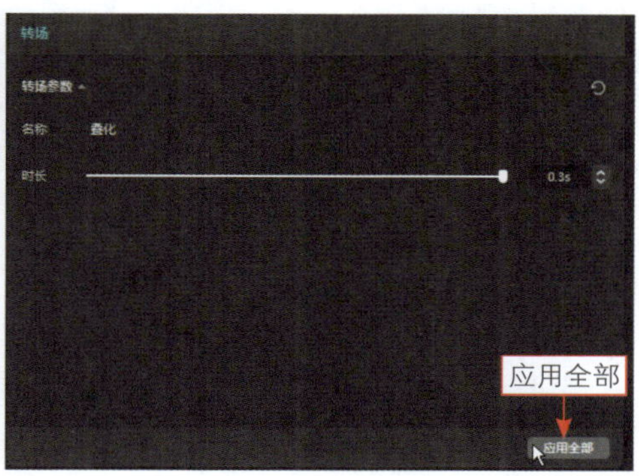

图 9-35　单击“应用全部”按钮

步骤 11 ❶切换至“文本”功能区；❷单击“默认文本”右下角的“添加到轨道”按钮⊕，如图9-36所示。

步骤 12 添加文本，并调整其时长，使其对齐第1段视频素材的时长，如图9-37所示。

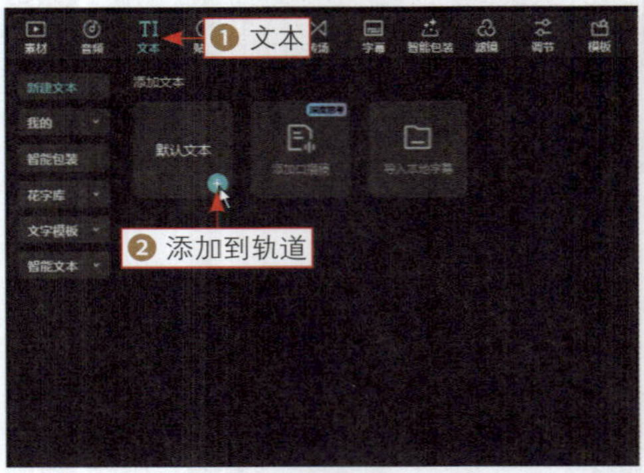

图 9-36　单击“添加到轨道”按钮（3）

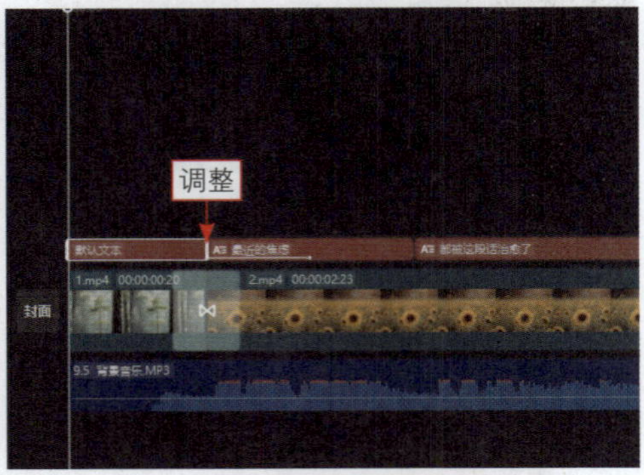

图 9-37　调整文本的时长

步骤 13 ❶在“文本”选项卡中输入标题文字；❷设置字体；❸设置“字间距”为2；❹选择第1个对齐方式；❺调整文字的画面位置，如图9-38所示。

图 9-38　调整文字的画面位置

步骤 14 复制并粘贴标题文字，❶在“文本”选项卡中更改文字内容；❷设置“字号”为10；❸设置“字间距”为0；❹调整文字的画面位置；❺单击“导出”按钮，如图9-39所示。

图 9-39　设置文字参数

步骤 15 ❶在“导出”面板中设置相应的标题、保存路径和导出参数；❷单击“导出”按钮导出视频，如图9-40所示。

步骤 16 导出视频成功之后，单击“关闭”按钮，如图9-41所示。

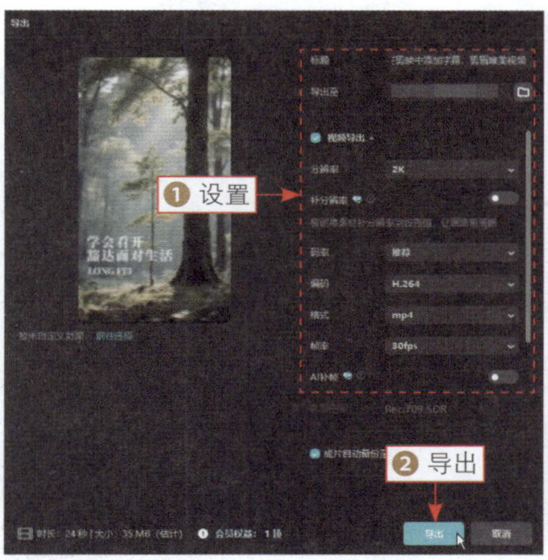

图 9-40　导出视频

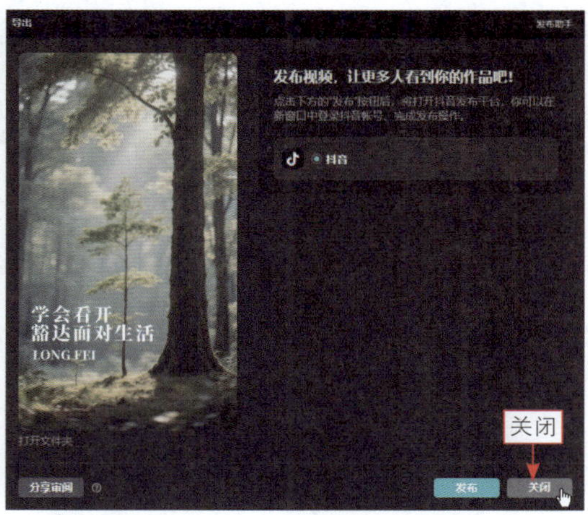

图 9-41　单击“关闭”按钮

【电影特效篇】

第 10 例　运镜特效视频

即梦AI新出的视频3.0模型在运镜技术和整体性能上实现了显著突破，使其成为当今AI视频生成领域的领先工具之一。视频3.0模型支持急速推进、舒缓平移、环绕运镜、低角度上升、俯拍等多种专业级运镜方式，能够精准营造紧张感、广阔感或特殊视角；还可在一个镜头内完成推拉、摇移、变焦、目标跟随等复杂运动。本例将为大家介绍运镜特效视频的制作方法，打造电影感画面。

10.1　用豆包手机版，生成首帧图片

首帧图片的作用在于指导AI生成相应的分镜文案和视频画面。下面介绍在豆包手机版中生成首帧图片的操作方法。由于具体的操作方法在前面案例已经介绍了很多遍，本例部分操作将会省略，直接介绍关键步骤和要点。

扫码看教学视频

在豆包手机版的“AI生图”界面中通过输入“画面风格是具有强烈视觉冲击力、宏大叙事感的电影风格。一辆酷炫的银色赛车飞驰在金黄沙漠中，扬起沙尘，夕阳余晖洒下，光影交错，远景构图”提示词，生成并下载一张比例为16：9的赛车图片，如图10-1所示。

图 10-1　图片效果

10.2　用豆包手机版，生成分镜文案

分镜文案主要用来指导AI生成相应的视频。为了提升效率，用户可以使用豆包手机版，让AI快速生成分镜文案。下面介绍在豆包手机版中生成赛车分镜文案的操作方法。

扫码看教学视频

步骤 01 进入豆包手机版的“新对话”界面，❶上传一张首帧图片；❷输入相应的提示词；❸点击“发送”按钮，如图10-2所示。

步骤 02 稍等片刻，即可生成相应的分镜文案，点击“复制”按钮复制文案，如图10-3所示。

图 10-2　输入提示词

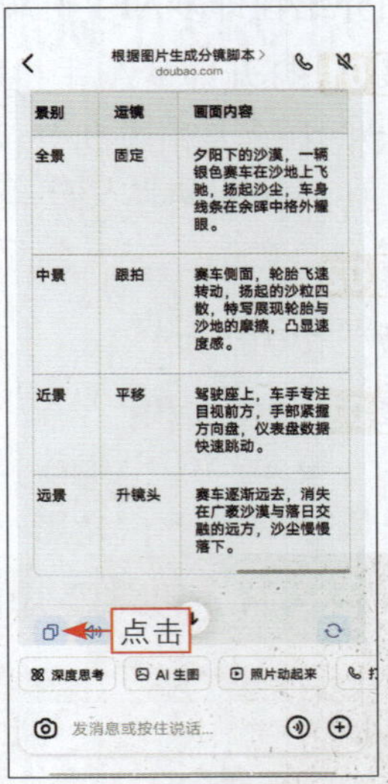

图 10-3　复制文案

10.3　用即梦以图生视频，生成运镜视频

即梦AI的“视频3.0”模型可多镜头无缝衔接，能够在一段视频内实现多种运镜和画面效果，省去了生成多段分镜的步骤，直接一步到位，如可以生成侧面跟随、跟随前推、固定跟拍、前飞上抬运镜相结合的视频，在提升效率的同时还能统一画面风格。除此之外，即梦AI还可以为生成的视频添加AI音效，视频效果如图10-4所示。

扫码看教学视频

图 10-4　视频效果

下面介绍在即梦AI手机版中生成运镜视频的操作方法。

步骤 01 打开即梦AI手机版，点击“导入图片”按钮+，❶上传首帧图片；❷在输入框中输入相应的分镜文案提示词；❸设置模型为“视频3.0”；❹点击“生成”按钮，如图10-5所示。

步骤 02 稍等片刻，即可生成一段视频，选择视频，进入相应的界面，点击“AI音效”按钮，如图10-6所示。

步骤 03 稍等片刻，即可生成一段有音效的视频，默认选择“音效1”选项，点击“下载”按钮⤓下载和保存视频，如图10-7所示。

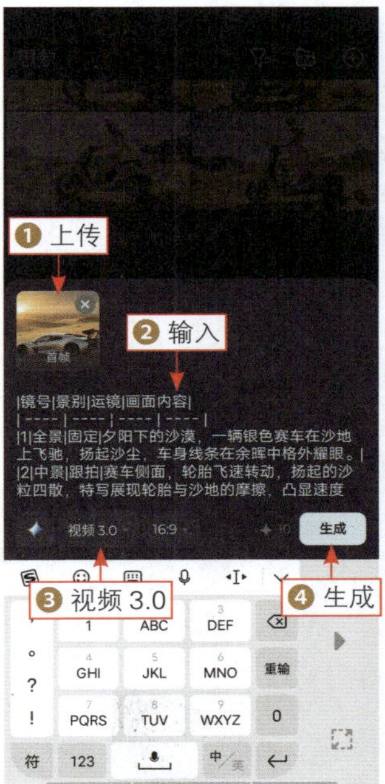

图 10-5　输入提示词生成视频

图 10-6　点击“AI 音效”按钮

图 10-7　下载视频

第 11 例　宫崎骏电影风格视频

抖音上“宫崎骏风格”的视频（包括二次创作、混剪、仿拍等）以其独特的视觉美学和情感内核吸引了大量用户。视频色调一般以低饱和、柔和的蓝绿色为主，主要模仿宫崎骏动画中清新的天空、森林和海洋，如《魔女宅急便》中琪琪飞越海滨城市的场景。宫崎骏动画电影中的治愈主题，与当代年轻人高压、内卷的现实形成强烈反差，受到了很多人的喜爱。本例将为大家介绍宫崎骏电影风格视频的制作技巧。

11.1　用豆包网页版，生成治愈图片

使用豆包网页版，可以一次性生成多张图片，在风格和人物特征上保障画面的一致性。在提问的时候，通过导入图片，可以生成同类型风格的图片。

扫码看教学视频

在豆包网页版的“新对话”页面中通过上传一张参考图，并依次输入“根据图片，帮我提取这张图片的提示词，并生成相应风格的4张图片，景别、场景要不同，人物角色特征要相同，比例为16：9”“再生成几张以蓝天白云为背景的图片”“再生成几张远景或者背影角度的图片”“再生成几张远景，高空俯拍视角，地面为海洋和城镇，背景为蓝天白云的图片”等提示词，生成并下载4张比例为16：9的治愈系动画图片，效果如图11-1所示。

图 11-1　图片效果

☆ 温馨提示 ☆

本书的部分步骤会简写，不过在教学视频中有完整的步骤，用户可以用手机扫描二维码查看教学视频。

11.2　用即梦手机版，生成治愈视频

在即梦中通过上传图片，再输入偏动画风格的提示词，就能让静态的图片变成动画视频，部分视频效果如图11-2所示。

扫码看教学视频

图 11-2　部分视频效果

下面介绍在即梦AI手机版中生成治愈视频的操作方法。

步骤 01 打开即梦AI手机版，点击“导入图片”按钮＋，❶上传首帧图片，❷在输入框中输入相应的提示词；❸设置模型为“视频3.0”；❹点击“生成”按钮，如图11-3所示。

步骤 02 稍等片刻，即可生成一段视频，选择视频，如图11-4所示，然后下载和保存视频。同理，输入相应的提示词，生成其他3段视频。

图 11-3　输入提示词生成视频

图 11-4　选择视频

11.3　用剪映手机版，剪辑治愈视频

扫码看教学视频

在剪映中通过添加治愈音乐和字幕，就能快速剪辑出一段治愈系动画，轻松做出宫崎骏电影风格的视频，视频效果如图11-5所示。

图 11-5　视频效果

下面介绍在剪映手机版中剪辑治愈视频的操作方法。

步骤 01 打开剪映手机版，依次添加4段视频素材，❶调整视频素材的时长，使其依次为2.2s、2.5s、2.7s和5s；❷点击第1段视频素材和第2段视频素材之间的“转场”按钮，如图11-6所示。

步骤 02 弹出相应的面板，在“热门”选项卡中选择“叠化”选项，如图 11-7 所示。

步骤 03 ❶点击“全局应用”按钮，为所有视频素材之间添加相同的转场；❷点击按钮，如图11-8所示。

步骤 04 在视频的起始位置依次点击“音频”按钮和“音乐”按钮，如图11-9所示。

图 11-6　点击“转场”按钮

图 11-7　选择“叠化”选项

步骤 05 在“音乐”界面中点击搜索栏，❶输入并搜索“魔女宅急便”；❷点击所选音乐右侧的“使用”按钮添加音乐，如图11-10所示。

图 11-8　点击相应按钮

图 11-9　点击“音乐”按钮

图 11-10　添加音乐

步骤 06 ❶调整音频素材的时长，对齐视频的时长；❷点击“音量”按钮，如图11-11所示。

步骤 07 ❶设置“音量”为519，提高音乐的音量；❷点击✓按钮，如图11-12所示。

步骤 08 在视频的起始位置依次点击“文本”按钮和“新建文本”按钮，如图11-13所示。

步骤 09 ❶输入文字；❷在“字体”|“基础”选项卡中选择合适的字体，如图11-14所示。

图 11-11　点击“音量”按钮

图 11-12　提高音量

图 11-13　点击“新建文本”按钮

图 11-14　选择合适的字体

步骤 10 ❶切换至“样式”选项卡；❷选择一个样式；❸设置“字号”为6，缩小文字；❹调整文字的位置，❺点击✓按钮，如图11-15所示。

步骤 11 调整字幕素材的时长，使其对齐视频的时长，如图11-16所示。

图 11-15　调整文字的位置

图 11-16　调整时长

第 12 例　皮影戏风格视频

抖音上皮影戏风格的动画视频近年来迅速走红，其成功既源于对传统非遗文化的创新表达，也受益于短视频平台的传播特性。利用人工智能技术可以提升视频制作效率，在既保留皮影风格的同时，又增强动态表现力。通过制作这类视频，不仅能够将经典故事进行多形式演绎，还能传播非遗文化，意义非凡。本例将为大家介绍皮影戏风格视频的制作技巧。

12.1　用豆包手机版，生成皮影图片

在豆包手机版的“AI生图”界面中通过输入“红楼梦皮影戏舞台场景，贾宝玉和林黛玉的皮影角色，细腻的工笔画线条，传统矿物颜料色彩，皮影镂空雕刻纹理，暖黄色舞台灯光，超高清8K细节，背景有戏曲幕布花纹，服饰呈现丝绸光泽与刺绣质感，皮影支架竹节结构清晰可见”提示词，多次生成图片，然后下载3张比例为16：9的中国风皮影图片，如图12-1所示。

扫码看教学视频

图 12-1　图片效果

☆ 温馨提示 ☆

多次生成图片可以让我们的选择更丰富，这样才能选取满意的图片。

12.2 用豆包手机版，生成皮影视频

扫码看教学视频

豆包手机版也可以使用图生视频功能，生成皮影视频。不过，目前每天只有几次生成次数，次数用完了，就需要等到次日才能使用该功能了，部分视频效果如图12-2所示。

图 12-2　部分视频效果

下面介绍在豆包手机版中生成皮影视频的操作方法。

步骤 01 打开豆包手机版，❶点击“创作”按钮切换至“创作”界面；❷点击“开始创作”按钮，如图12-3所示。

步骤 02 在弹出的面板中选择“照片动起来”选项，如图12-4所示。

步骤 03 ❶设置比例为16：9；❷点击“添加参考图（可选）”按钮，如图12-5所示。

图 12-3　点击“开始创作”按钮

图 12-4　选择“照片动起来”选项

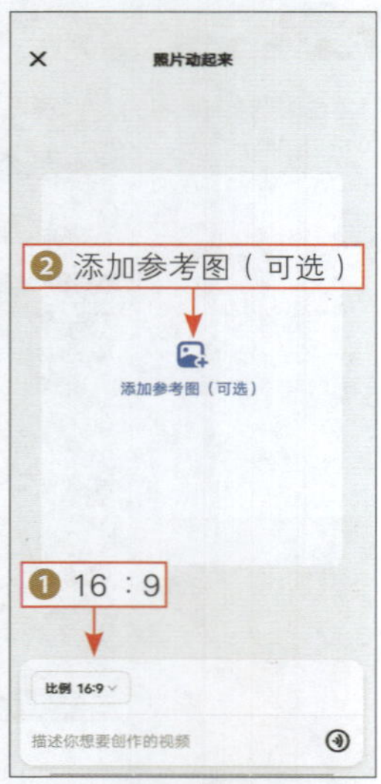

图 12-5　点击相应按钮

步骤 04 在QQ界面中选择相应的图片素材，如图12-6所示。

步骤 05 添加图片之后，❶输入相应的提示词；❷点击“发送”按钮，如图12-7所示。

步骤 06 稍等片刻，即可生成一段视频，点击视频左下角的“下载”按钮，如图12-8所示，即可下载视频。同理，导入参考图并输入相应的提示词，生成其他2段视频。

☆ 温馨提示 ☆

下载的视频都是有水印的，用户可以在后期软件中裁剪或者遮挡，去除水印。

图 12-6　选择相应的图片素材

图 12-7　输入提示词生成视频

图 12-8　下载视频

12.3　用剪映手机版，剪辑皮影视频

扫码看教学视频

在剪映中通过添加特色字幕和音乐，并把视频片段组接起来，就能剪辑出一段完整的皮影戏视频，实现音画统一的效果，视频效果如图12-9所示。

图 12-9　视频效果

下面介绍在剪映手机版中剪辑皮影视频的操作方法。

步骤 01 打开剪映手机版，在视频轨道中依次添加3段视频素材，❶调整视频素材的时长，使其依次为3.6s、2.9s和4.7s；❷点击第1段视频素材和第2段视频素材之间的“转场”按钮 ，如图12-10所示。

步骤 02 弹出相应的面板，在“运镜”选项卡中选择“穿越Ⅲ”选项，如图12-11所示。同理，为第2段视频素材和第3段视频素材之间添加“炫光”光效转场。

步骤 03 在视频的起始位置依次点击“特效”按钮和“画面特效”按钮，如图12-12所示。

图 12-10　点击“转场”按钮

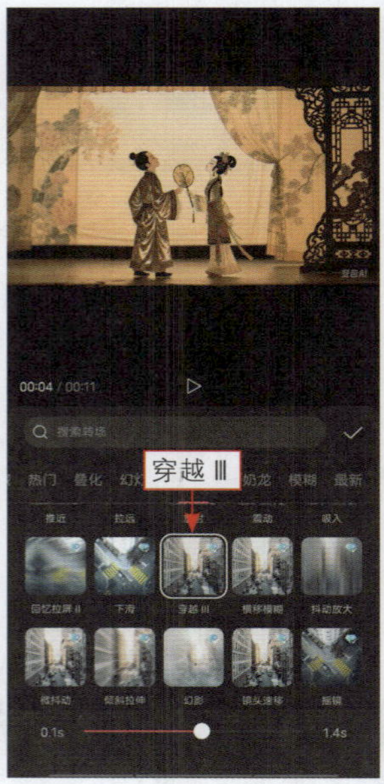

图 12-11　选择“穿越 Ⅲ”选项

图 12-12　点击“画面特效”按钮

步骤 04 弹出相应的面板，❶切换至“电影”选项卡；❷选择“电影感”选项添加画幅特效，用来遮挡水印，如图12-13所示。

步骤 05 调整“电影感”特效的时长，使其对齐视频的时长，如图12-14所示。

步骤 06 在视频的起始位置依次点击“音频”按钮和“提取音乐”按钮，如图12-15所示。

步骤 07 ❶在“照片视频”界面中选择一段背景音乐视频素材；❷点击“仅导入视频的声音”按钮添加音乐，如图12-16所示。

图 12-13　选择“电影感”选项

图 12-14　调整特效的时长

图 12-15　点击“提取音乐”按钮

步骤 08 在一级工具栏中点击“字幕”按钮，如图12-17所示。

步骤 09 在弹出的“识别字幕”面板中点击“开始识别”按钮，如图12-18所示。

步骤 10 识别字幕之后，❶ 选择相应的字幕；❷ 点击“样式”按钮，如图 12-19 所示。

步骤 11 弹出相应的面板，❶ 更改错误的文字；❷ 切换至“模板”|“影视混剪”选项卡；❸ 选择一个模板，如图 12-20 所示。

图 12-16　添加音乐

图 12-17　点击“字幕”按钮

步骤 12 ❶ 切换至“样式”|“排列”选项卡；❷ 选择第 4 个排列样式；❸ 调整文字的位置，如图 12-21 所示。

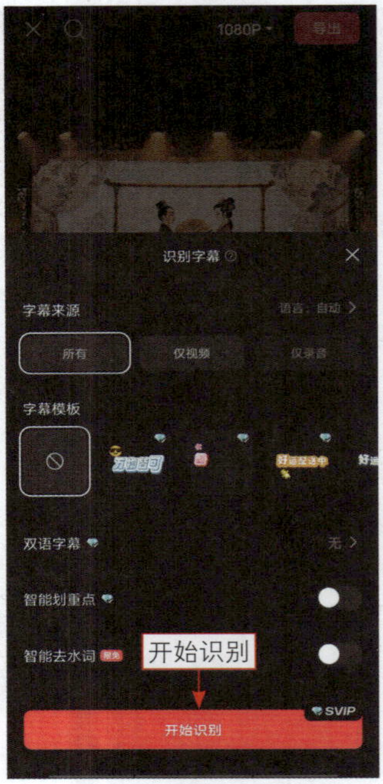

图 12-18　点击“开始识别”按钮

图 12-19　点击“样式”按钮

图 12-20　选择一个模板

图 12-21　调整文字的位置

第 13 例　外星人入侵视频

外星人一直是科幻文化的热门话题，从《三体》到NASA的UFO报告，公众对地外生命的探索欲持续存在。在抖音、快手等短视频平台中，一些猎奇标题和特效画面特别容易引发用户停留和讨论，获得流量倾斜。通过AI生成的逼真画面，让外星人视频通过视觉刺激、悬念设计和社群互动满足了用户的娱乐需求。本例将为大家介绍外星人入侵视频的制作技巧。

13.1 用豆包手机版，生成外星人图片

扫码看教学视频

在豆包手机版的“新对话”界面中通过输入“我要做一个外星人入侵地球的电影片段，需要4个画面，请帮我生成4张16：9比例的分镜图片，图片风格要一致，具有电影感，具体画面包括外星人乘坐飞船的特写、外星人入侵地球和攻打地球、人类进行应对”和“再多生成一张外星人乘坐飞船在太空中的图片”提示词，生成并下载5张比例为16：9的外星人图片，部分图片效果如图13-1所示。

图 13-1 部分图片效果

13.2 用即梦手机版，生成外星人视频

扫码看教学视频

在即梦中通过上传图片，然后输入相应的提示词，就能生成相应视频。如果生成的视频画面不是自己想要的效果，可以多生成几次或者更改相应的提示词，直到得到自己满意的效果为止，部分视频效果如图13-2所示。

图 13-2　部分视频效果

下面介绍在即梦AI手机版中生成外星人视频的操作方法。

步骤 01 打开即梦AI手机版，点击“导入图片”按钮➕，在“系统相册”界面中选择一张图片，如图13-3所示。

步骤 02 上传首帧图片，❶在输入框中输入相应的提示词；❷设置模型为“视频3.0”；❸点击“生成”按钮，如图13-4所示。

步骤 03 稍等片刻，即可生成一段视频，选择视频，如图13-5所示，下载和保存视频。同理，输入相应的提示词生成其他4段视频。

图 13-3　选择一张图片

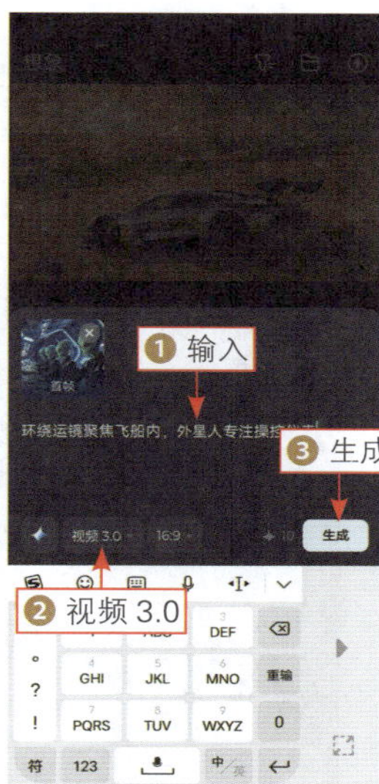

图 13-4　输入提示词生成视频

图 13-5　选择视频

13.3　用剪映手机版，剪辑外星人视频

为了让画面更具电影感，用户可以在剪映中为视频添加相应的特效和字幕，剪出大片感，视频效果如图13-6所示。

扫码看教学视频

图 13-6 视频效果

下面介绍在剪映手机版中剪辑外星人视频的操作方法。

步骤 01 打开剪映手机版，依次添加5段视频素材，❶通过“提取音乐”功能，添加背景音乐；❷调整视频素材的时长，使其依次为2.7s、3.8s、3.4s、3s和3.4s；❸点击第1段视频素材和第2段视频素材之间的“转场”按钮，如图13-7所示。

步骤 02 弹出相应的面板，在“运镜”选项卡中选择“放射”选项，如图13-8所示。同理，为剩下的视频素材之间依次添加“闪动光斑Ⅱ”转场、“放大镜”转场和“拉伸Ⅱ”转场。

步骤 03 ❶添加一段“电影感”特效；❷设置“作用对象”为“全局”，如图13-9所示，让特效作用于所有的画面。

图 13-7 点击“转场”按钮

图 13-8 选择“放射”选项

步骤 04 在视频 4s 的位置依次点击“文本”按钮和“新建文本”按钮，如图 13-10 所示。

步骤 05 弹出相应的面板，① 输入文字内容；② 在“字体”|“基础”选项卡中选择合适的字体，如图 13-11 所示。

步骤 06 ① 切换至“样式”|“粗斜体”选项卡；② 选择“加粗”选项；③ 调整文字的大小和位置，④ 点击☑按钮，如图 13-12 所示。

步骤 07 在视频 4s 的位置点击“文字模板”按钮，如图13-13所示。

图 13-9　设置“作用对象”为“全局”

图 13-10　点击“新建文本”按钮

步骤 08 ①切换至“科技感”选项卡；②选择模板；③更改文字内容；④调整文字的大小和位置，⑤点击☑按钮，如图13-14所示。

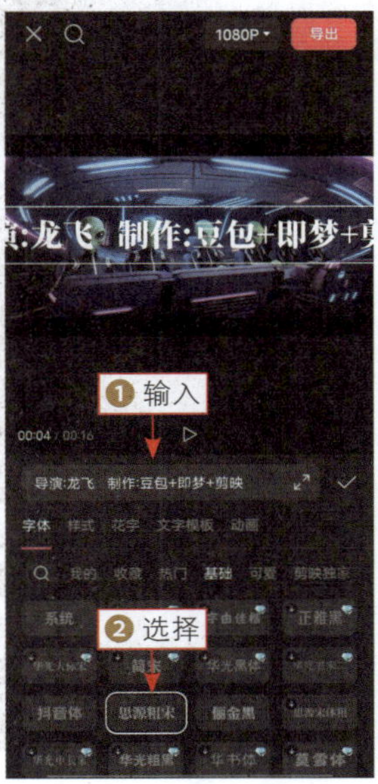

图 13-11　选择合适的字体

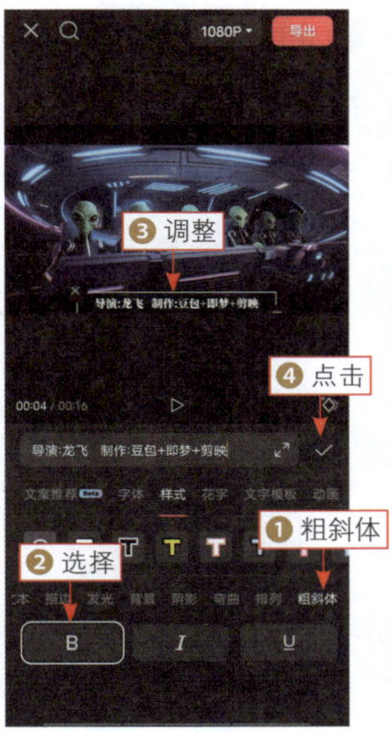

图 13-12　调整文字的大小和位置

图 13-13　点击“文字模板”按钮

步骤 09 继续点击“文字模板”按钮，❶切换至“科技感”选项卡；❷选择模板；❸更改文字内容；❹调整文字的大小和位置，❺点击✓按钮，如图13-15所示。

步骤 10 ❶调整3段字幕素材的时长，使其对齐视频的时长；❷调整第4段视频素材的画面位置，避免特效挡住主体，如图13-16所示。

图 13-14 调整文字的大小和位置

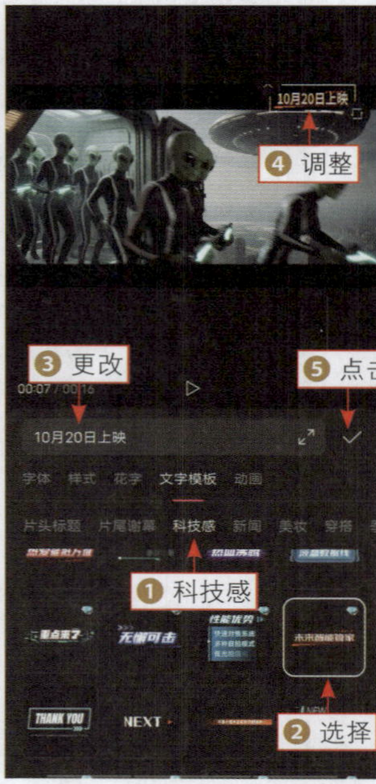

图 13-15 调整文字的大小和位置

图 13-16 调整视频素材

第 14 例　怪兽打斗视频

本例以哥斯拉大战金刚的剧情画面为例，介绍怪兽打斗视频的制作技巧。哥斯拉（1954年诞生）和金刚（1933年首次亮相）是影史经典怪兽，拥有庞大的粉丝基础，新老观众都感兴趣。电影主打“巨兽互殴”，爆炸、拆楼、吐息等大场面，非常适合短视频的碎片化传播，容易吸引眼球。现代生活压力大，许多用户偏好轻松、刺激的内容，《哥斯拉大战金刚》的“纯打斗”风格正好符合这一需求。

14.1　用豆包手机版，生成怪兽图片

在豆包手机版的“新对话”界面中通过输入“我要做一个哥斯拉大战金刚的电影片段，需要4个画面，请帮我生成4张16：9比例的分镜图片，图片风格要一致，具有电影感”和“我要做一个哥斯拉大战金刚的电影片段，需要4个画面，在不同的场景中打斗，请帮我生成4张16：9比例的分镜图片，图片风格要一致，具有电影感”提示词，生成并下载8张比例为16：9的怪兽图片，部分图片效果如图14-1所示。

扫码看教学视频

图 14-1　部分图片效果

14.2　用即梦手机版，生成怪兽视频

如果用户不知道在即梦AI中输入什么提示词生成视频，可以在豆包手机版的“新对话”界面中输入“再生成相应的图片生成视频的提示词，主要包括运镜和动作描述”提示词，生成相应的图生视频提示词，再使用提示词生成视频，部分视频效果如图14-2所示。

扫码看教学视频

图 14-2　部分视频效果

下面介绍在即梦AI手机版中生成怪兽视频的操作方法。

步骤 01 打开即梦AI手机版，点击“导入图片”按钮＋，在“系统相册”界面中选择一张图片，如图14-3所示。

步骤 02 上传首帧图片，❶在输入框中输入相应的提示词；❷设置模型为“视频3.0”；❸点击“生成”按钮，如图14-4所示。

步骤 03 稍等片刻，即可生成一段视频，选择视频，如图14-5所示，下载和保存视频。同理，输入相应的提示词，生成其他7段视频。

图 14-3　选择一张图片

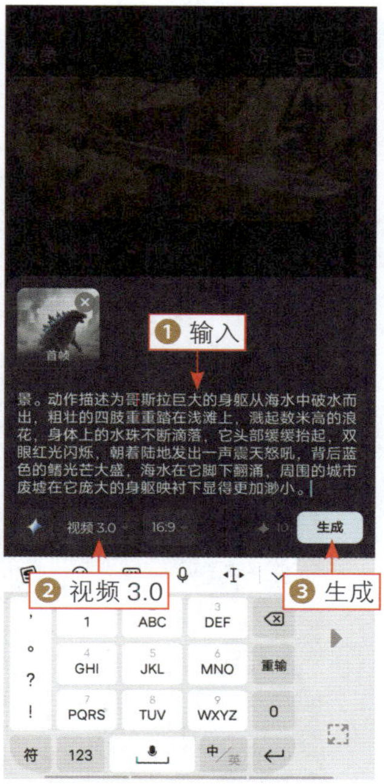

图 14-4　输入提示词生成视频

图 14-5　选择视频

14.3 用剪映手机版，剪辑怪兽视频

扫码看教学视频

怪兽类型的视频需要搭配激昂的音乐，再添加炫酷的转场特效，以提升听觉和视觉效果，视频效果如图14-6所示。

图 14-6　视频效果

下面介绍在剪映手机版中剪辑怪兽视频的操作方法。

步骤 01 打开剪映手机版，依次添加8段视频素材和一段白场素材，❶通过搜索音乐，添加背景音乐；❷调整视频的时长，使其依次为2.3s、4.0s、1.0s、1.0s、1.0s、1.0s、1.6s、1.7s和1.8s；❸调整背景音乐的时长；❹设置音乐的“淡出时长”为0.6s，如图14-7所示。

步骤 02 为第1段视频素材和第2段视频素材之间添加“炫光”光效转场，

图 14-7　设置音乐的“淡出时长”参数

图 14-8　添加“炫光”光效转场

如图14-8所示。同理，根据画面需求，为剩下的视频素材之间添加自己喜欢的转场，有些视频素材之间也可以不添加转场。

步骤 03 添加一段“开幕”基础特效，并调整其时长，如图14-9所示。

步骤 04 在白场素材的起始位置点击“贴纸”按钮，如图14-10所示。

步骤 05 弹出相应的面板，❶输入并搜索“哥斯拉大战金刚”；❷在搜索结果中选择标题文字贴纸；❸点击“取消”按钮，如图14-11所示。

步骤 06 ❶调整贴纸的时长；❷调整贴纸的大小和画面位置；❸点击“动画”按钮，如图14-12所示。

步骤 07 弹出相应的面板，❶选择“放大”入场动画；❷点击☑按钮，如图14-13所示。

步骤 08 在白场素材的起始位置依次点击“音频”按钮和“音效”按钮，如图14-14所示。

图 14-9　添加“开幕”特效

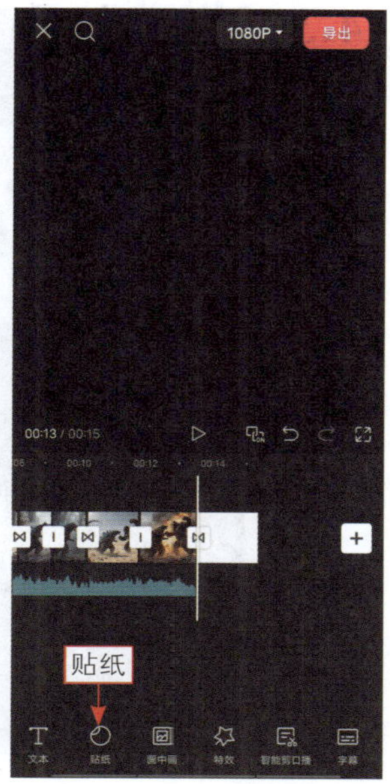

图 14-10　点击“贴纸”按钮

图 14-11　选择贴纸

图 14-12　调整贴纸

图 14-13　点击相应按钮（1）

图 14-14　点击“音效”按钮

步骤 09 弹出相应的面板，❶输入并搜索“重音”；❷在搜索结果中点击所选音效右侧的“使用”按钮添加音效，如图14-15所示。

步骤 10 调整音效的时长，使其对齐视频的时长，如图14-16所示。

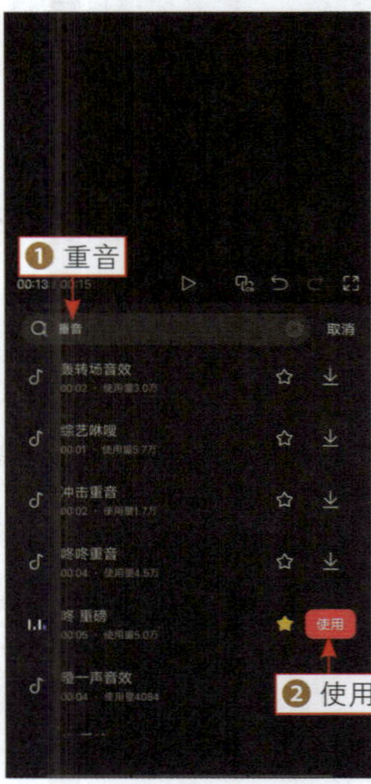

图 14-15　添加音效

图 14-16　调整音效的时长

第 15 例　西游记动画视频

《西游记》作为中国四大名著之一，其“打怪升级”的叙事模式天然适合短视频改编，且角色（如孙悟空、哪吒）具有全球认知度。AI技术也降低了动画制作门槛，让这类内容可以进一步升级，成为连接古今中外的文化桥梁。本章以孙悟空大闹天宫的情节为剧情，使用AI工具制作相应的动画视频，让大家零成本制作动画视频。

15.1 用豆包网页版，生成动画图片

扫码看教学视频

在豆包网页版的“新对话”页面中通过添加参考图，并输入“参考这张图片中的孙悟空形象，根据《西游记》中的大闹天宫片段，帮我生成5张Q版动画版本孙悟空的分镜图片，人物形象要一致，动作可以有变化，画面要有逻辑，不要出现很多瑕疵，比例为16：9”提示词，生成和下载5张比例为16：9的动画图片，部分图片效果如图15-1所示。

图 15-1 部分图片效果

15.2 用即梦手机版，生成动画视频

扫码看教学视频

在生成图片之后，在豆包网页版的“新对话”页面中输入“再根据图片，帮我生成相应图片的图生视频提示词，要简洁精炼，适合在AI工具中生成视频”提示词，继续生成相应的图生视频提示词，再使用提示词生成视频，部分视频效果如图15-2所示。

图 15-2 部分视频效果

下面介绍在即梦AI手机版中生成动画视频的操作方法。

步骤 01 打开即梦AI手机版，在视频生成输入框中点击“添加参考”按钮，在“系统相册”界面中选择一张图片，如图15-3所示。

步骤 02 上传首帧图片，❶在输入框中输入相应的提示词；❷设置模型为“视频3.0”；❸点击“生成”按钮，如图15-4所示。

步骤 03 稍等片刻，即可生成一段视频，选择视频，如图15-5所示，然后进

行下载和保存。同理，输入相应的提示词，导入首帧图，生成剩下的5段视频，有一段视频使用了首尾帧功能生成。

图 15-3　选择一张图片

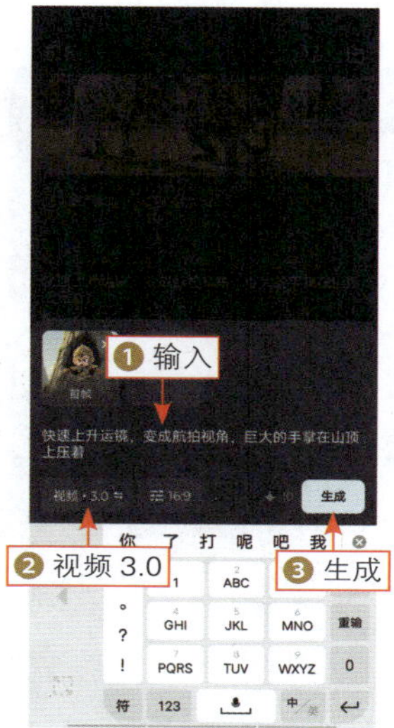

图 15-4　点击“生成”按钮

图 15-5　选择视频

15.3　用剪映手机版，剪辑动画视频

通过在剪映中加入电视剧《西游记》中的原声音乐，就能让画面变得非常具有代入感，视频效果如图15-6所示。

扫码看教学视频

下面介绍在剪映手机版中剪辑西游记动画视频的操作方法。

图 15-6　视频效果

步骤 01 打开剪映手机版，依次添加6段视频素材，❶选择第1段视频素材；❷依次点击“变速”按钮和“曲线变速”按钮，如图15-7所示。

步骤 02 ❶选择“蒙太奇”变速选项，同理，为第3段、第4段、第5段视频素材也添加“蒙太奇”曲线变速效果；❷点击☑按钮，如图15-8所示，并设置每段视频的时长依次为2.6s、3.2s、3.5s、2.3、3.5s和3.0s。

步骤 03 在视频的起始位置依次点击“音频”按钮和“音乐”按钮，如图15-9所示。

图 15-7　点击“曲线变速”按钮

图 15-8　点击相应按钮（1）

图 15-9　点击“音乐”按钮

步骤 04 在“音乐”界面中点击搜索栏，❶输入并搜索“大圣歌”；❷点击所选音乐右侧的“使用”按钮，如图15-10所示，添加音乐。

步骤 05 ❶在视频的末尾位置点击“分割”按钮，分割音频素材；❷点击“删除”按钮，如图15-11所示，删除多余的音频素材。

步骤 06 点击第1段视频素材和第2段视频素材之间的转场按钮，如图15-12所示。

图 15-10　点击“使用”按钮

图 15-11　点击“删除”按钮

步骤07 弹出相应的面板，❶在“运镜”选项卡中选择“放射”选项；❷点击✓按钮，如图15-13所示。同理，为剩下的视频素材之间依次添加“叠化”转场、“放射”运镜转场、“向右”运镜转场和“推近”运镜转场。

步骤08 在视频的起始位置依次点击“特效”按钮和“画面特效”按钮，如图15-14所示。

图 15-12　点击转场按钮

图 15-13　点击相应按钮（2）

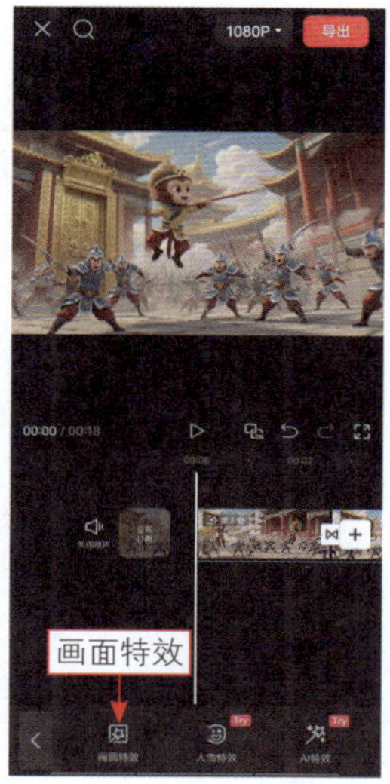

图 15-14　点击“画面特效”按钮

步骤09 弹出相应的面板，❶切换至“基础”选项卡；❷选择“拉镜开幕”特效；❸点击✓按钮，如图15-15所示。

步骤10 调整“拉镜开幕”特效的时长，使其末尾位置对齐2s左右的位置，如图15-16所示。

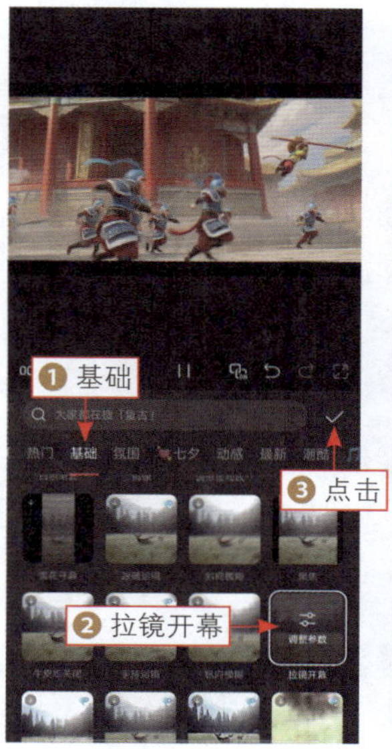

图 15-15　点击相应按钮（3）

图 15-16　调整“拉镜开幕”特效的时长

第16例　江湖武侠视频

近年来，女性武侠角色成为热门，以飒爽英姿打破传统武侠片男性主导的刻板印象，吸引了大量女性观众。观众对武侠电影中“侠义精神”“快意恩仇”的向往，使武侠题材历久弥新。随着AI技术的应用，武侠短视频也在进一步创新。本例将为大家介绍江湖武侠视频的制作技巧，并可以结合换脸技术，让自己变成武侠电影中的女主角。

16.1　用豆包手机版，生成武侠图片

在豆包手机版的“AI生图”界面中通过输入“一个穿着白色衣服的古装女子和古装男子拿着剑，在海边的夕阳下对峙，充满江湖氛围，远景，看不清脸，剪影”和“古装女子，梳长辫，戴宽边斗笠，着米黄色古装，腰间有花纹装饰，背影，身处竹林中，阳光斑驳洒落，氛围江湖感十足”提示词，生成并下载2张比例为16：9的图片，效果如图16-1所示。

扫码看教学视频

图 16-1　图片效果

16.2　用即梦手机版，生成换脸图片

在即梦AI手机版中，通过上传人物参考图，参考人像写真，并输入相应提示词，生成并下载5张比例为16：9的人物图片，部分图片效果如图16-2所示。

扫码看教学视频

图 16-2　部分图片效果

16.3 用即梦手机版，生成武侠视频

在生成7张图片之后，通过在即梦AI手机版中导入首帧图片、设置“视频3.0”生成模型，并输入相应的提示词生成相应的7段视频，部分视频效果如图16-3所示。

扫码看教学视频

☆ 温馨提示 ☆

图生视频的操作技巧在前面的章节里介绍过很多次了，不再赘述。

图 16-3 部分视频效果

16.4 用剪映手机版，剪辑武侠视频

在剪映中通过为视频添加有江湖感的配音、滤镜、特效和字幕，就能剪辑出精彩的江湖武侠视频，视频效果如图16-4所示。

扫码看教学视频

图 16-4　视频效果

下面介绍在剪映手机版中剪辑武侠视频的操作方法。

步骤 01 打开剪映手机版，依次添加7段视频素材，❶通过“提取音乐”功能，添加背景音乐；❷调整视频素材的轨道位置和时长，使其依次为2.3s、1.5s、1.5s、5s、3.2s、3.9s、3s和2.7s；❸点击“转场”按钮，如图16-5所示。

步骤 02 弹出相应的面板，❶在“叠化”选项卡中选择“闪黑”选项；❷点击“全局应用”按钮，为所有视频素材之间添加相同的转场；❸点击按钮，如图16-6所示。

步骤 03 ❶选择最后一段视频素材；❷点击“动画”按钮，如图16-7所示。

图 16-5　点击“转场”按钮

图 16-6　点击相应按钮（1）

图 16-7　点击“动画”按钮

步骤 04 弹出相应的面板，❶切换至“出场”选项卡；❷选择“渐隐”选项，❸点击按钮，如图16-8所示，让最后的画面变黑。

步骤 05 继续点击“滤镜”按钮，如图16-9所示。

步骤 06 弹出相应的面板，❶切换至“影视级”选项卡；❷选择“青橙”选项；❸点击“全局应用”按钮，为所有视频素材添加相同的滤镜；❹点击✓按钮，如图 16-10 所示。

步骤 07 在视频的起始位置依次点击“特效”按钮和“画面特效”按钮，如图 16-11 所示。

步骤 08 弹出相应的面板，❶切换至“复古”选项卡；❷选择“荧幕噪点”选项；❸点击✓按钮，如图 16-12 所示。

步骤 09 调整“荧幕噪点”特效的时长，使其末尾位置对齐第3段视频素材的末尾位置，如图16-13所示。

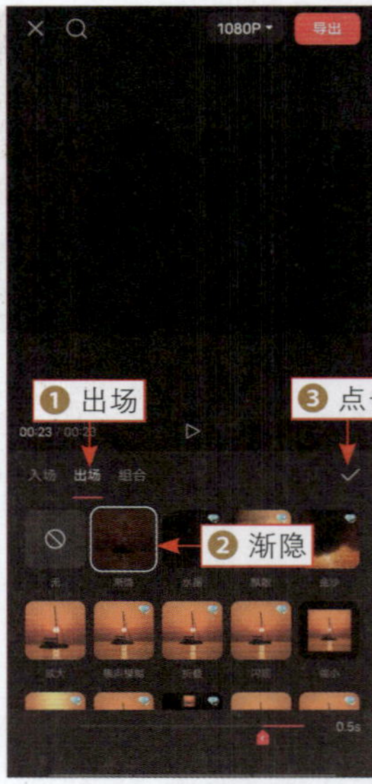

图 16-8　选择“渐隐”选项

图 16-9　点击“滤镜”按钮

图 16-10　点击相应按钮（2）

图 16-11　点击“画面特效”按钮

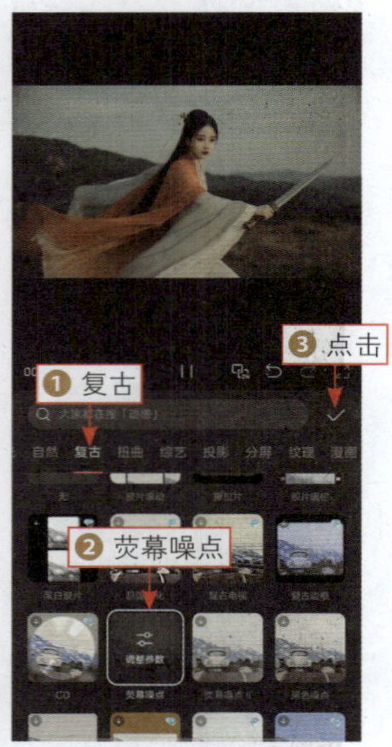

图 16-12　点击相应按钮（3）

步骤 10 在一级工具栏中依次点击“字幕”按钮和“开始识别”按钮，识别字幕之后，点击“编辑字幕”按钮，如图16-14所示。

步骤11 点击“多选”按钮，❶全选字幕素材；❷点击“样式”按钮，如图16-15所示。

步骤12 在“字体”|“书法”选项卡中选择合适的字体，如图16-16所示。

步骤13 ❶切换至“样式”|“文本”选项卡；❷选择深红色，修改文字的颜色，如图16-17所示。

步骤14 ❶切换至“描边”选项卡；❷选择⊘选项取消文字描边，如图16-18所示。

步骤15 ❶切换至“排列”选项卡；❷选择第4个排列样式，如图16-19所示。

图 16-13　调整特效的时长

图 16-14　点击“编辑字幕”按钮

图 16-15　点击“样式”按钮

图 16-16　选择合适的字体

图 16-17　选择深红色

步骤16 ❶切换至“粗斜体”选项卡；❷选择“加粗”选项B；❸调整文字的大小和位置，❹点击⊙按钮，如图16-20所示。

图 16-18　取消文字描边

图 16-19　选择第 4 个排列样式

步骤 17 ①选择第2段字幕素材；②调整文字的大小和位置，如图16-21所示。同理，根据画面需求，调整其他文字的大小和位置。

图 16-20　调整文字的大小和位置

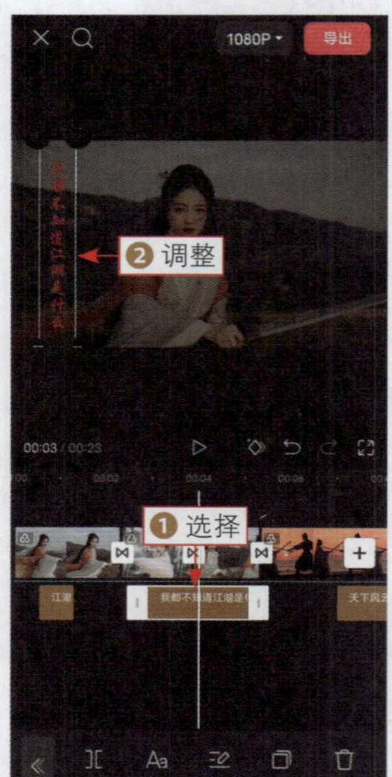

图 16-21　调整文字

第 17 例　微缩小人国视频

微缩小人国视频通过AI生成实景微缩摄影，构建出充满童话感的“小人国”世界，结合反差萌和精致细节，带给观众新奇有趣的视觉体验。视频通常展示“小人”与巨大物品的对比，如小人在巨型蔬菜旁劳作，或推动巨大的食材，营造出趣味性和戏剧性。借助《格列佛游记》和电影《借东西的小人阿莉埃蒂》的IP影响，“小人国”确实自带吸引力。本例将为大家介绍微缩小人国视频的制作技巧。

17.1 用豆包手机版，生成小人国提示词

扫码看教学视频

豆包中的AI训练师是负责训练和优化豆包模型的专业人员。他们通过对大量数据进行处理、分析和标注，调整模型参数，评估模型性能，让豆包能够更好地理解用户需求，提供更准确、高效的服务。下面介绍在豆包手机版中使用AI训练师生成小人国提示词的操作技巧。

步骤 01 打开豆包手机版，点击“搜索”按钮，❶在搜索栏中输入并搜索“ai小人国”；❷在搜索结果中选择“AI小人国（美食）”选项，如图17-1所示。

步骤 02 进入“AI小人国（美食）”对话界面，❶在输入框中输入“做红烧肉”；❷点击“发送”按钮，如图17-2所示。

步骤 03 稍等片刻，即可生成相应的回复，包括AI绘画和动态视频提示词，点击提示词右上角的“复制”按钮，即可快速复制提示词，如图17-3所示。

图 17-1 选择“AI 小人国（美食）”选项

图 17-2 输入提示词

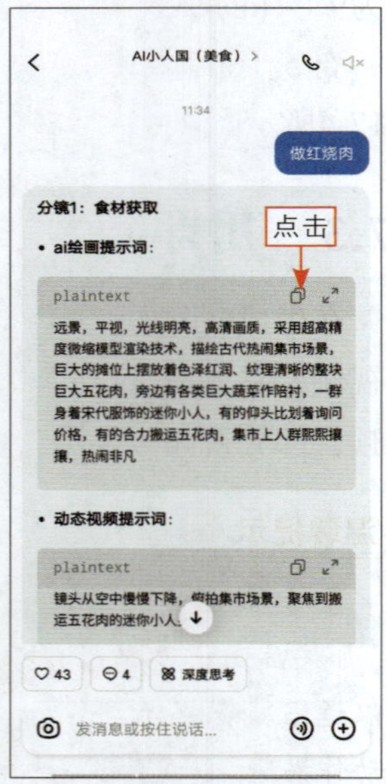

图 17-3 复制回复内容

☆ 温馨提示 ☆

在使用豆包提供的提示词生成图片或者视频时，如果生成的画面不是自己想要的或者不符合生活逻辑，用户可以适当修改提示词中的一些关键词，再次生成图片或视频，以得到自己想要的效果。

17.2　用豆包手机版，生成小人国图片

在豆包手机版的“AI生图”界面中通过输入“远景，平视，光线明亮，高清画质，采用超高精度微缩模型渲染技术，描绘古代热闹集市场景，巨大的摊位上摆放着色泽红润、纹理清晰的整块巨大五花肉，旁边有各类巨大蔬菜作陪衬，一群身着宋代服饰的迷你小人，合力搬运一块巨大的五花肉，集市上人群熙熙攘攘，热闹非凡”等提示词，生成并下载6张比例为9：16的小人国图片，部分图片效果如图17-4所示。

扫码看教学视频

图 17-4　部分图片效果

17.3　用即梦手机版，生成小人国视频

在生成6张图片之后，通过在即梦手机版中导入首帧图片、设置“视频3.0”生成模型，并输入相应的提示词，即可生成相应的6段视频，部分视频效果如图17-5所示。

扫码看教学视频

☆ 温馨提示 ☆

在生成视频的时候，如果画面出现变形，可以适当减少提示词中的动作描述。

图 17-5　部分视频效果

17.4 用剪映手机版，剪辑小人国视频

在剪映中通过为小人国视频剪辑时长、添加字幕和音乐等，就能制作出一段完整的“小人们”烹饪红烧肉视频，视频效果如图17-6所示。

扫码看教学视频

图 17-6　视频效果

下面介绍在剪映手机版剪辑小人国视频的操作方法。

步骤 01 打开剪映手机版，依次添加6段视频素材，❶通过搜索歌曲名称“舌尖美食音乐”，添加背景音乐；❷调整视频素材的时长，使其依次为3.0s、3.0s、3.0s、2.0s、2.6s和2.4s；❸调整音频素材的时长；❹点击“转场”按钮，如图17-7所示。

步骤 02 弹出相应的面板，❶在“热门”选项卡中选择“叠化”选项；❷点击“全局应用”按钮，为所有视频素材之间添加相同的转场；❸点击按钮，如图17-8所示。

图 17-7　调整视频和音频

图 17-8　点击相应按钮（1）

步骤 03 在视频的起始位置添加一段文字，❶输入文字内容；❷在“字体”|“书法”选项卡中选择合适的字体，如图17-9所示。

步骤 04 ❶切换至“样式”|“排列”选项卡；❷选择一个样式；❸选择第4个排列样式；❹调整文字的大小和位置，如图17-10所示。

步骤 05 ❶切换至“动画”|“入场”选项卡；❷选择“滚入”选项，如图17-11所示。

步骤 06 ❶ 切换至“出场”选项卡；❷ 选择“闭幕”选项；❸ 点击✓按钮，如图 17-12 所示。

图 17-9　选择合适的字体

图 17-10　调整文字的大小和位置（1）

图 17-11　选择“滚入”选项

图 17-12　点击相应按钮（2）

步骤 07 复制文字，①调整第2段文字的时长；②点击“编辑”按钮，如图17-13所示。

步骤 08 ①更改文字内容；②在“入场”选项卡中选择“放大”选项，如图17-14所示。

步骤 09 在“字体”|“基础”选项卡中选择合适的字体，①切换至“样式”选项卡；②选择一个样式；③调整文字的大小和位置，如图17-15所示。

图 17-13　调整文字的时长

图 17-14　选择“放大”选项

图 17-15　调整文字的大小和位置（2）

第 18 例　动物风剧情短片

抖音上的动物风视频内容凭借其独特的创意和治愈风格吸引了大量观众，如电影《精灵鼠小弟》一般，通过拟人化处理，活灵活现地展现动物。通过AI技术，视频中的动物被赋予人类行为，如买菜、切菜、炒菜等，形成强烈的“萌宠＋人类技能”反差，极具喜剧效果。随着技术发展，这类内容可能会进一步多样化，甚至衍生出虚拟宠物IP等新形态。本章将为大家介绍动物风剧情短片的制作技巧。

18.1　用豆包网页版，生成分镜脚本

在豆包网页版的“新对话”页面中通过输入“帮我做一个小橘猫的松弛周末的分镜脚本，橘猫要戴着眼镜，穿着粉色图案的睡衣，拟人化处理，写实风格、偏日系”提示词，生成相应的分镜脚本，如表18-1所示。

扫码看教学视频

表 18-1　分镜脚本

镜号	景别	时长	画面内容	台词/旁白	音效
1	全景	4s	晨光透过竹帘，洒进铺着榻榻米的房间。戴着金丝圆框眼镜、穿着粉色带草莓图案睡衣的小橘猫蜷在淡蓝色被子里，粉色的小肉垫搭在脸颊旁，耳朵轻轻颤动	旁白：“周末，连阳光都慢了下来”	轻柔的鸟鸣声，微风穿过竹帘的沙沙声
2	中景	5s	小橘猫缓缓睁开琥珀色的眼睛，伸手揉了揉，坐起身来，伸了个大大的懒腰，睡衣上的草莓图案随着动作微微褶皱，它打了个哈欠，露出粉嫩的舌头	无	发出伸懒腰的慵懒声音
3	近景	4s	小橘猫趿拉着粉色木屐，走到原木色洗漱台前，拿起薄荷绿的牙刷，认真地刷牙，泡沫沾在胡须上，它对着镜子眨了眨眼睛，用粉色毛巾擦了擦脸	无	水流声、刷牙的簌簌声
4	中景	6s	小橘猫来到布置温馨的餐厅，跪坐在铺着樱花图案坐垫的地板上。矮桌上摆放着精致的日式早餐：三文鱼寿司、温泉蛋、茶泡饭。它双手合十，甜甜地说：“我开动啦！”然后拿起竹筷，夹起寿司送入口中	无	餐具碰撞声、咀嚼声
5	全景	5s	饭后，小橘猫漫步到铺满碎石的日式庭院，它蹲在盛开的樱花树下，粉色睡衣与樱花相互映衬。小橘猫戴着眼镜，专注地观察飘落的花瓣，时不时伸出爪子轻轻触碰	无	风吹花瓣飘落的簌簌声
6	中景	6s	小橘猫回到客厅，窝进米白色的毛绒沙发里，从旁边的木质书架上抽出一本《猫咪的奇幻世界》绘本，戴着眼镜，双腿交叠，聚精会神地阅读起来，阳光透过窗户在它身上洒下斑驳的光影	无	翻书的哗啦声
7	全景	5s	夕阳西下，天空被染成橘红色。小橘猫站在木质长廊上，戴着眼镜，望着远处的落日，粉色睡衣在微风中轻轻飘动，它嘴角上扬，露出满足的微笑	旁白：“这样的周末，太治愈啦”	轻柔的风声

18.2　用豆包网页版，生成猫咪图片

在豆包网页版的“新对话”页面中通过输入“根据上面的分镜脚本，帮我生成相应的图片，比例为16：9，写真现实主义风格，拟

扫码看教学视频

人化处理，面部特征、服装要统一”和“再帮我生成一些可以插入在这些图片中间的空镜图片，比例16：9，风格要保持一致”提示词，生成并下载9张比例为16：9的图片，部分图片效果如图18-1所示。

图 18-1　部分图片效果

18.3　用即梦手机版，生成猫咪视频

扫码看教学视频

在生成9张图片之后，通过在即梦手机版中导入首帧图片、设置“视频3.0”生成模型，并输入相应的提示词，即可生成相应的9段视频，部分视频效果如图18-2所示。

图 18-2　部分视频效果

18.4 用剪映手机版，剪辑猫咪视频

扫码看教学视频

本例的动物视频是偏日系小清新电影的风格，通过小猫咪的日常生活展现惬意舒适的自由感，视频效果如图18-3所示。

图 18-3 视频效果

下面介绍在剪映手机版剪辑猫咪剧情视频的操作方法。

步骤 01 打开剪映手机版，依次添加 9 段视频素材，❶ 调整视频素材的时长，使其依次为 5.0s、2.0s、2.1s、3.0s、2.0s、2.0s、5.0s、5.0s 和 5.0s；❷ 通过搜索“欢快愉悦”，添加背景音乐，并调整音乐的时长；❸ 点击“转场”按钮，如图 18-4 所示。

步骤 02 ❶ 弹出相应的面板，在“热门”选项卡中选择“叠化”选项；❷点击“全局应用”按钮，为所有视频素材之间添加相同的转场；❸点击按钮，如图18-5所示。

步骤 03 ❶ 在视频的起始位置添加一段文字；❷在“字

图 18-4 调整视频时长并添加背景音乐

图 18-5 添加转场

体”|“基础”选项卡中选择字体；❸调整文字的大小和位置，如图18-6所示。

步骤 04 ❶切换至“动画”|“入场”选项卡；❷选择“打字机 I”选项；❸设置时长为1.3s，❹点击✓按钮，如图18-7所示。

步骤 05 ❶调整文字的时长，使其对齐第1段视频素材的时长，点击“复制”按钮，复制文字；❷调整第2段文字的时长；❸点击“编辑”按钮，如图18-8所示。

图 18-6　调整文字的大小和位置

图 18-7　设置时长为 1.3s

步骤 06 弹出相应的面板，❶更改文字内容；❷在“字体”|“基础”选项卡中选择字体；❸调整文字的大小和位置；❹点击✓按钮，如图18-9所示。

图 18-8　调整文字的时长

图 18-9　调整文字的大小和位置

步骤 07 在视频2s左右的位置添加一段“橘猫”贴纸，调整其画面大小和位置，并添加“轻微放大”入场动画，如图18-10所示。

步骤 08 继续复制第1段文字，调整复制文字的轨道位置，使其对齐第2段视频素材，❶更改文字内容；❷调整文字的画面位置，如图18-11所示。同理，为其他视频添加文字。

步骤 09 为最后一段文字设置“渐显”入场动画，并进行放大处理，如图18-12所示。

步骤 10 在视频的起始位置依次点击“音频”按钮和“音效”按钮，如图18-13所示。

图 18-10　添加“轻微放大”入场动画

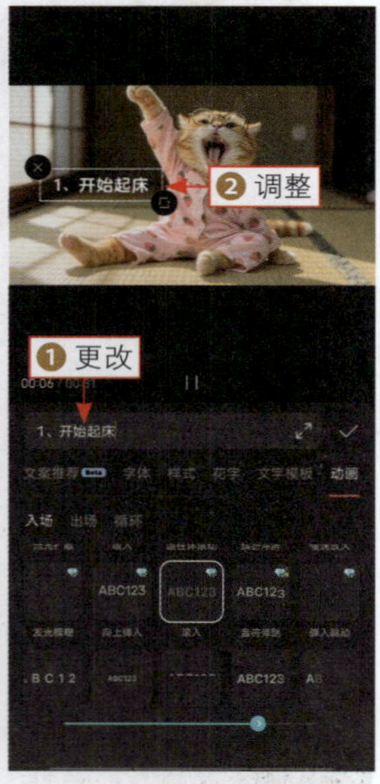

图 18-11　调整文字的画面位置

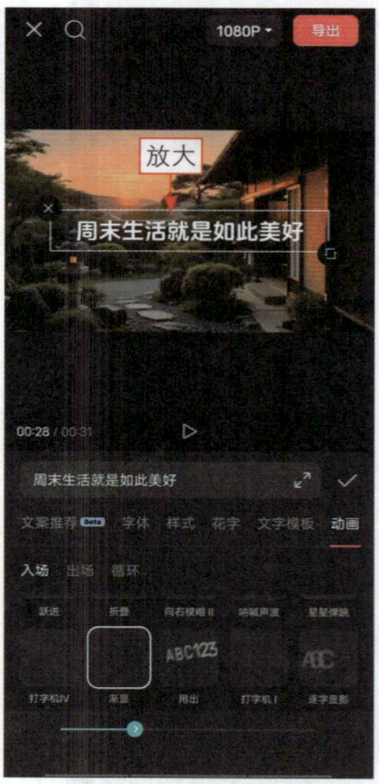

图 18-12　放大处理

图 18-13　点击“音效”按钮

步骤 11 ❶输入并搜索“打字机”；❷点击所选音效右侧的“使用”按钮，如图18-14所示。

步骤 12 添加音效，❶调整其时长，对齐文字动画的时长；❷点击“复制”按钮复制音效，如图 18-15 所示，调整其时长，对齐第 2 个文字动画。

步骤 13 同理，为其他视频依次添加相应的音效，增强代入感，如图18-16所示。

图 18-14　添加音效

图 18-15　复制音效并调整时长

图 18-16　添加相应的音效

第 19 例　视觉美电影短片

随着AI技术的进步，AI生成的高清、高帧率（如8K、120帧）画面，光影效果逼真，色彩调校几乎可以接近专业电影水准。除此之外，AI还能自动优化画面，模拟胶片颗粒感、浅景深等电影美学元素，打造艺术大片。本例将为大家介绍视觉美电影短片的制作技巧，制作一段模仿导演韦斯安德森电影风格的短片。通过本例的学习，可以实现大家的电影梦。

19.1　用豆包网页版，生成电影图片

扫码看教学视频

在豆包网页版的“新对话”页面中通过输入“根据韦斯安德森的电影风格，如《月升王国》《布达佩斯大饭店》，帮我生成10张风格相似的图片，比例为16：9”和“再生成一些空镜头画面”提示词，生成并下载12张比例为16：9的图片，部分图片效果如图19-1所示。

图 19-1　部分图片效果

19.2　用即梦手机版，生成电影视频

扫码看教学视频

在生成12张图片之后，通过在即梦手机版中导入首帧图片、设置“视频3.0”生成模型，并输入相应的提示词，即可生成相应的12段视频，部分视频效果如图19-2所示。

图 19-2　部分视频效果

19.3 用剪映剪同款，剪辑电影短片

剪映中有一些视频模板，通过套用“剪同款”模板，可以帮助大家快速制作视频。可以通过搜索关键词寻找模板，从而剪辑出视觉美电影短片，部分视频效果如图19-3所示。

扫码看教学视频

图 19-3　视频效果

下面介绍在剪映手机版中剪辑电影短片的操作方法。

步骤 01 打开剪映手机版，❶点击“剪同款”按钮，进入“剪同款”界面；❷点击搜索栏，如图19-4所示。

步骤 02 ❶输入并搜索“韦斯安德森”；❷在搜索结果中选择一款模板，如图19-5所示。

步骤 03 进入相应的界面，点击“剪同款”按钮，如图 19-6 所示。

步骤 04 ❶在“照片视频”界面中依次选择 13 段视频素材，有一段视频要重复选择；❷点击“下一步”按钮，如图 19-7 所示。

步骤 05 套用模板生成视频，发现文字不统一，点击“解锁草稿”按钮，如图19-8所示。

图 19-4　进入“剪同款”界面

图 19-5　选择一款模板

图 19-6　点击“剪同款”按钮

图 19-7　选择视频

图 19-8　点击“解锁草稿”按钮

步骤 06 进入视频剪辑界面，更改前面两段文字素材的内容并调整两段文字的画面位置，如图19-9所示。

步骤 07 同理，继续更改部分文字内容，如图19-10所示。

步骤 08 根据画面需求，❶在视频轨道中调整部分视频的显示片段；❷最后点击“导出”按钮导出视频，如图19-11所示。

图 19-9　调整两段文字的画面位置

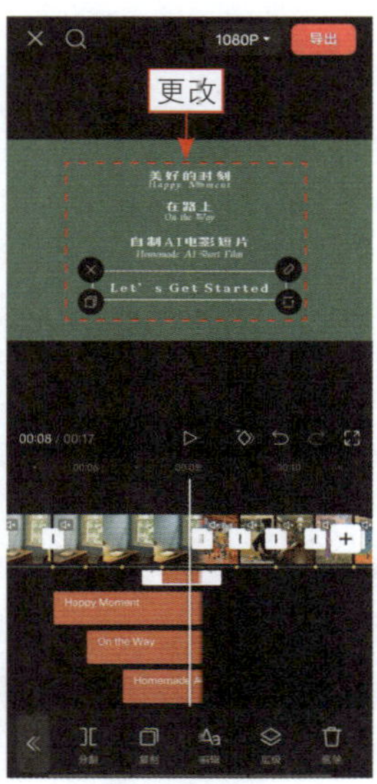

图 19-10　更改部分文字内容

图 19-11　导出视频

第 20 例　科幻电影预告片

AI科幻电影预告片因其独特的制作方式和视觉呈现，近年来迅速走红。这类内容结合了AI技术的高效创作与科幻题材的视觉奇观，吸引了大量观众。传统科幻电影制作周期长、成本高，而AI擅长处理复杂特效场景，如星际战争、古文明科幻、未来科技等，能低成本实现传统拍摄难以完成的“视觉奇观”，快速满足观众对高概念、视觉奇观的需求。本例将介绍AI科幻电影预告片在电脑端平台上的制作技巧。

20.1　用豆包网页版，制作科幻图片

在豆包网页版的“新对话”页面中通过输入“我要做一段30秒的预告片，请根据这段台词：‘起初，没人关心生态的警告，这不过是一次山火，一次干旱，一只动物的哀鸣，一座城市的崩塌……直到这颗星球的灾难，与我们每个人息息相关。’帮我生成10张16：9比例的图片，科幻片电影风格，色调要统一，现实主义题材”和“再帮我生成几张自然灾害的图片”提示词，生成并下载12张比例为16：9的图片，部分图片效果如图20-1所示。

扫码看教学视频

图 20-1　部分图片效果

☆ 温馨提示 ☆

在豆包网页版的“新对话”页面中输入“再帮我根据图片，生成图片生视频的提示词，有运镜、画面描述，具有电影大片感，简洁，每段不超过 30 字”提示词，即可生成相应的图生视频提示词。

20.2　用即梦网页版，制作科幻视频

与在即梦手机版中通过图生视频功能生成视频的操作一样，在生成12张图片之后，通过在即梦网页版的“视频生成”页面中导入首帧图片、设置“视频3.0”生成模型，并输入相应的提示词，即可生成12段视频，部分视频效果如图20-2所示。

扫码看教学视频

图 20-2　部分视频效果

20.3　用剪映专业版，剪辑预告片视频

扫码看教学视频

在剪映专业版中，根据配音内容调整视频素材的位置和时长，再添加合适的字幕，就能制作出科幻电影预告片，视频效果如图20-3所示。

图 20-3　视频效果

下面介绍在剪映专业版中剪辑预告片视频的操作方法。

步骤 01 打开剪映专业版，在“素材”功能区中导入视频素材和音频素材，单击第1段视频素材右下角的“添加到轨道”按钮，如图20-4所示，把视频和音频素材依次添加到相应的轨道中。

步骤 02 根据配音，❶调整每段视频素材的时长；❷拖曳时间轴至最后一段视频的起始位置，如图20-5所示。

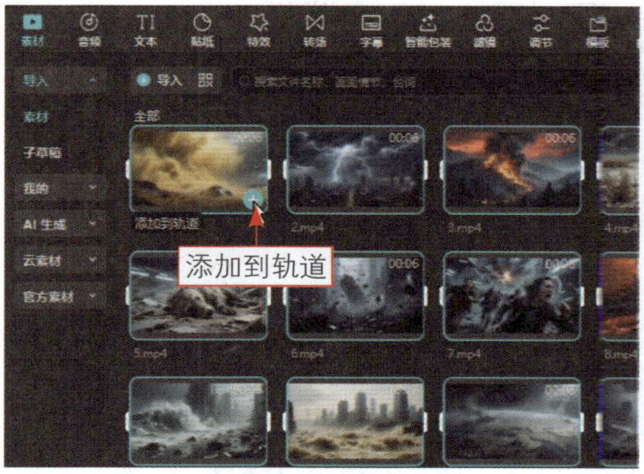

图 20-4　添加视频和音频素材

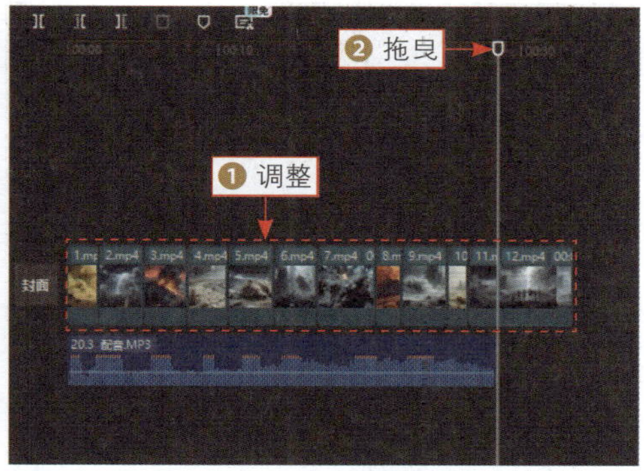

图 20-5　拖曳时间轴至相应的位置

步骤 03 ❶切换至“转场”功能区；❷在“热门”选项卡中单击“闪黑”转场右下角的“添加到轨道”按钮⊕添加转场，如图20-6所示。

步骤 04 拖曳时间轴至视频的起始位置，❶切换至“特效”功能区；❷在“电影”选项卡中单击“电影感画幅”特效右下角的“添加到轨道”按钮⊕添加画幅特效，如图20-7所示。

图 20-6　添加转场

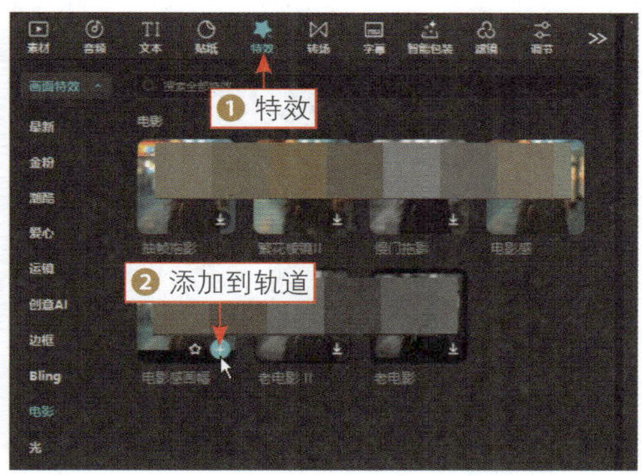

图 20-7　添加画幅特效

步骤 05 调整特效的时长，使其对齐视频的时长，如图20-8所示。

步骤 06 在音频素材中单击鼠标右键，在弹出的列表框中选择“识别字幕/歌词”选项，如图20-9所示。

步骤 07 识别字幕之后，❶设置字体；❷调整文字的大小和位置，如图20-10所示。

步骤 08 复制并粘贴第1段字幕素材，❶取消选中“文本、排列、气泡、花字应用到全部字幕”复选框；❷更改英文字幕；❸调整文字的大小和位置，如

图20-11所示。同理，为其他中文字幕通过复制粘贴的方式，添加相应的英文字幕。

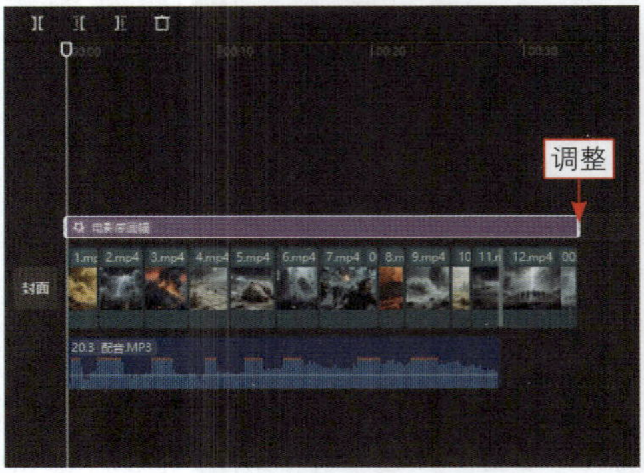

图 20-8　调整特效的时长

图 20-9　选择“识别字幕 / 歌词”选项

图 20-10　调整文字的大小和位置（1）

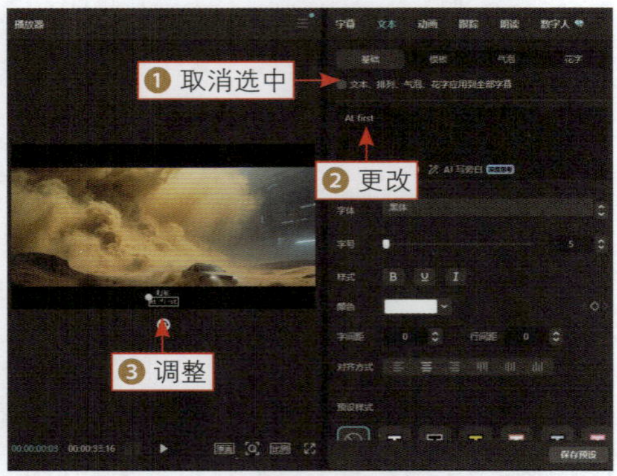

图 20-11　调整文字的大小和位置（2）

步骤 09 拖曳时间轴至最后一段视频的起始位置，❶切换至“文本”功能区；❷在“文字模板”|“科技感”选项卡中单击所选模板右下角的“添加到轨道”按钮⊕添加文字，如图20-12所示。

步骤 10 在“手写字”选项卡中单击所选模板右下角的“添加到轨道”按钮⊕继续添加文字，如图20-13所示。

步骤 11 调整两段文字模板的时长，使其对齐最后一段视频的时长，更改两段文字模板的内容，并调整其大小和画面位置，如图20-14所示。

步骤 12 拖曳时间轴至第1段视频的起始位置，❶切换至“音频”功能区；❷在“音效库”选项卡中搜索“漂移”；❸单击所选音效右下角的“添加到轨道”按钮⊕添加音效，如图20-15所示。

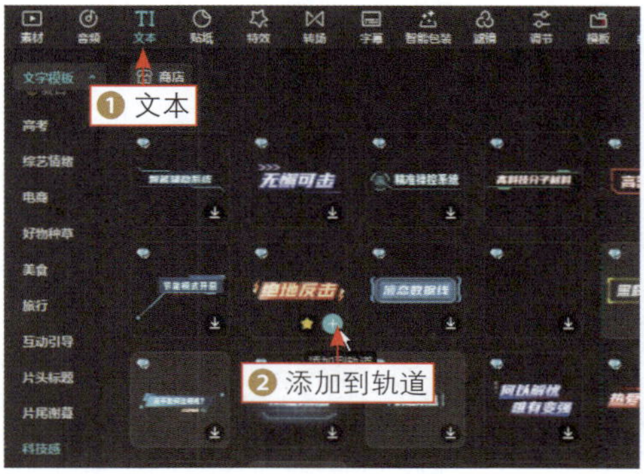

图 20-12　添加文字

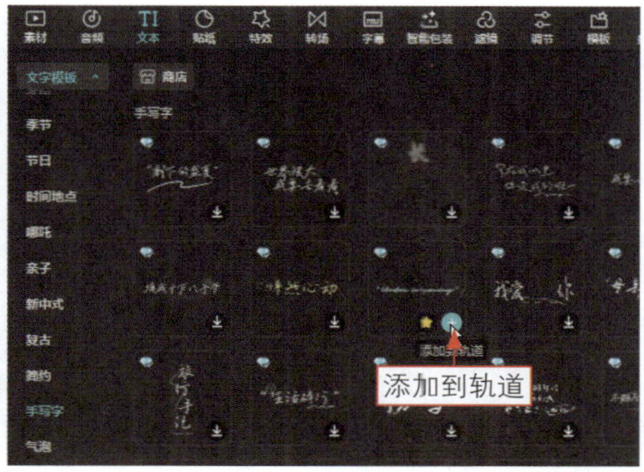

图 20-13　添加文字

图 20-14　调整文字的大小和画面位置

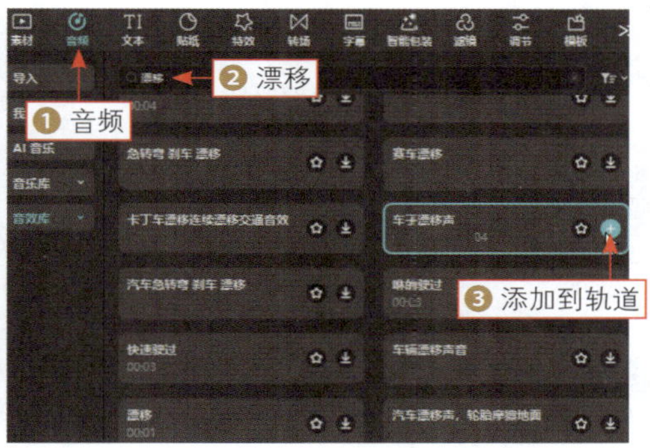

图 20-15　添加音效

步骤 13 调整音效的时长，使其对齐第1段视频的时长，如图20-16所示。

步骤 14 同理，为其他视频片段通过搜索音效关键词的方式添加相应的音效，并调整其时长，如图20-17所示。

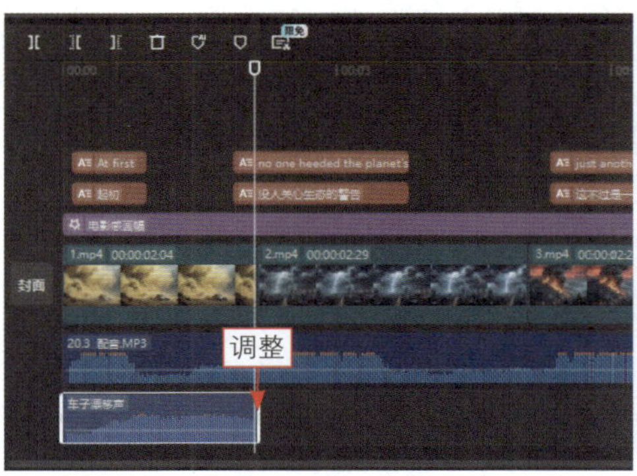

图 20-16　调整音效的时长

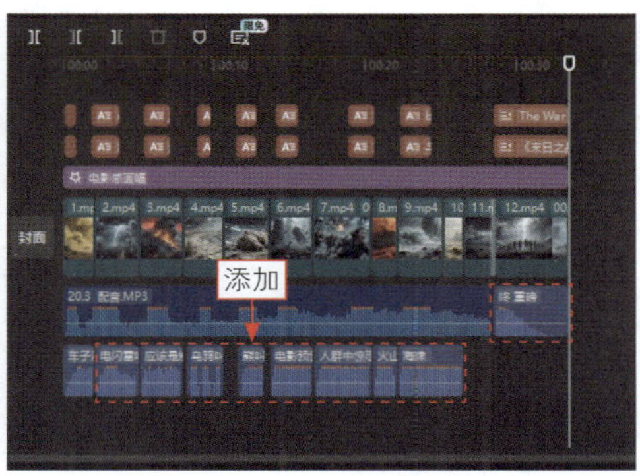

图 20-17　添加相应的音效

【神话创意篇】

第 21 例　山海经异兽视频

《山海经》中的异兽自带神秘色彩，这类视频可以引起观众对未知事物的好奇心。随着AI技术的发展，让原本只存在于古籍文字中的异兽得以可视化，极大增强了此类视频的吸引力。这类视频的后期也很易学，普通用户也能用特效、配音、剪辑软件制作异兽视频内容。本例将为大家介绍异兽视频的制作技巧，帮助大家学会用AI还原异兽形象，满足大家对神秘东方美学的想象。

21.1　用豆包手机版，生成异兽图片

如果用户不知道《山海经》中有哪些异兽，可以在豆包手机版的“新对话”界面中通过输入“请根据《山海经》中的故事，列出一些异兽和其特征”提示词，然后挑选几个自己满意的异兽描述，进行下一步的操作。

扫码看教学视频

在豆包手机版的“新对话”界面中通过输入“狰：形状像豹，有五条尾巴和一只角，声音洪亮。鹿蜀：样子像马，头部白色，斑纹犹如虎纹，尾巴为红色。鸣蛇：形状像蛇，却长着四个翅膀。朱厌：身形像猿猴，白头红脚，它一出现天下就会发生大乱。生成怪兽风格、神话风格的图片，比例为9：16”提示词，生成并下载4张异兽图片，部分图片效果如图21-1所示。

图 21-1　部分图片效果

☆ 温馨提示 ☆

在豆包手机版的“新对话”界面中输入“再帮我生成相应的图生视频文字提示词，有运镜和画面描述，要简洁一点”提示词，即可生成相应的图生视频提示词。

21.2　用即梦手机版，生成异兽视频

在生成4张图片之后，通过在即梦AI手机版中导入首帧图片、设置“视频3.0”生成模型，并输入相应的提示词，即可生成相应的4段视频，部分视频效果如图21-2所示。

扫码看教学视频

图 21-2　部分视频效果

21.3　用剪映手机版，剪辑异兽视频

通过在剪映中为视频加入配音、字幕和音效，就能组合片段视频素材，制作出一段完整的异兽视频，让画面变得更有张力，视频效果如图21-3所示。

扫码看教学视频

图 21-3　视频效果

下面介绍在剪映手机版中剪辑异兽视频的操作方法。

步骤 01 打开剪映手机版，依次添加4段视频素材，❶选择第1段视频素材；❷在起始位置点击“定格”按钮定格画面，如图21-4所示。

步骤 02 调整定格素材的时长为1.0s，如图21-5所示。

步骤 03 ❶选择第3段视频素材；❷点击“倒放”按钮倒放片段，如图21-6所示。

步骤 04 ❶ 选择第 2 段视频素材，依次点击“变速”按钮和“常规变速”按钮；❷ 设置“变速”为 0.8×，放慢速度；❸ 选中“智能补帧”复选框；❹ 点击✓按钮，如图 21-7 所示。

图 21-4　定格画面

图 21-5　调整定格素材的时长

步骤 05 ❶选择第4段视频素材，依次点击“变速”按钮和“曲线变速”按钮；❷选择“自定”选项并点击“点击编辑”按钮，如图21-8所示。

图 21-6　倒放视频

图 21-7　点击相应按钮（1）

图 21-8　点击“点击编辑”按钮

步骤 06 弹出相应的面板，① 向下拖曳最后面的两个变速点，让视频时长变成 7.0s；② 选中“智能补帧”复选框；③ 点击✓按钮，如图 21-9 所示。

步骤 07 点击“转场”按钮⊔，弹出相应的面板，① 在“运镜”选项卡中选择“穿越Ⅲ”选项；② 点击“全局应用”按钮，为所有视频素材之间添加相同的转场；③ 点击✓按钮，如图 21-10 所示。

图 21-9　点击相应按钮（2）

图 21-10　点击相应按钮（3）

步骤 08 通过搜索歌曲名称“史诗中国剪辑版”，添加背景音乐并调整其时长，然后设置“音量”为 53，降低背景音乐的音量，如图 21-11 所示。

步骤 09 ① 在视频的起始位置添加一段文字，输入内容；② 在“字体”|“书法”选项卡中选择合适的字体，如图21-12所示。

步骤 10 ① 切换至“花字”|“热门”选项卡；② 选择一款花字；③ 调整文字的大小，如图21-13所示。

步骤 11 ① 切换至“动画”|“入场”选项卡；② 选择“打字机Ⅱ”选项，③ 点击✓按钮，如图21-14所示。

图 21-11　降低音量

图 21-12　选择合适的字体（1）

步骤 12 ❶调整文字的时长，使其对齐定格素材的时长；❷在定格素材的后面点击“新建文本”按钮，如图21-15所示。

图 21-13　调整文字的大小

图 21-14　选择“打字机 II”选项

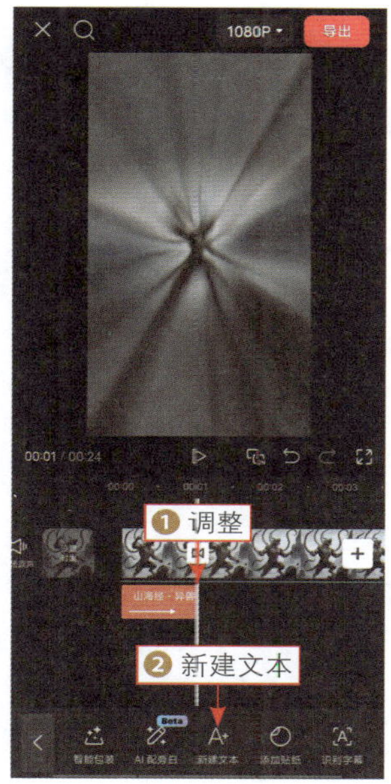

图 21-15　调整文字的时长

步骤 13 ❶输入文字内容，设置字体，选择红色的花字样式，设置入场动画为“渐显”；❷在“动画”|“出场”选项卡中选择“溶解”选项；❸点击✓按钮，如图21-16所示。

步骤 14 ❶调整文字的时长；❷调整文字的画面大小和位置；❸点击“复制”按钮复制文字，如图21-17所示。同理，通过复制文字的方式，为其他视频添加异兽名称文字。

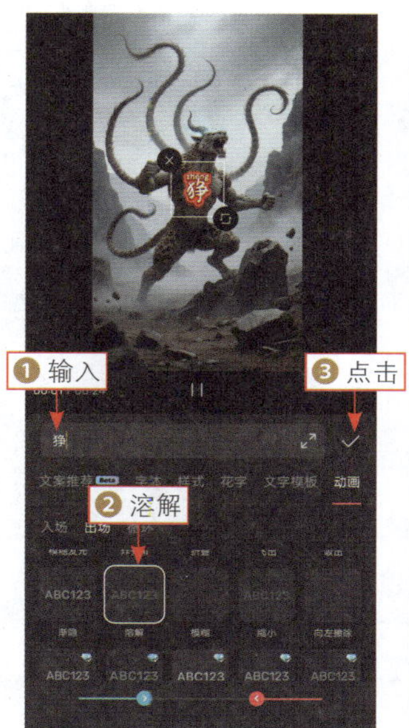

图 21-16　点击相应按钮（4）

图 21-17　复制文字

步骤 15 添加一段解说文字，点击“文本朗读”按钮，❶在“男声”选项卡中选择“浑厚旁白”选项；❷点击✓按钮，如图21-18所示，生成解说音频之后，删除该段文字。

步骤 16 设置解说音频的“音量”为 1000，提升音量，点击✓按钮，如图 21-19 所示。

步骤 17 调整音频的轨道位置，在一级工具栏中点击“字幕”按钮，在“识别字幕”面板中点击“开始识别”按钮，如图 21-20 所示。

步骤 18 识别字幕之后，点击“编辑字幕”按钮，如图21-21所示。

步骤 19 更改相应的文字内容，❶全选文字；❷点击“样式”按钮，如图21-22所示。

步骤 20 在“字体”|“基础”选项卡中选择合适的字体，如图21-23所示。

步骤 21 ❶切换至“样式”|“排列”选项卡；❷选择第 4 个排列样式；❸设置“字间距”为 4；❹调整文字的大小和位置，点击✓按钮，如图 21-24 所示。

图 21-18　点击相应按钮（5）

图 21-19　设置“音量”

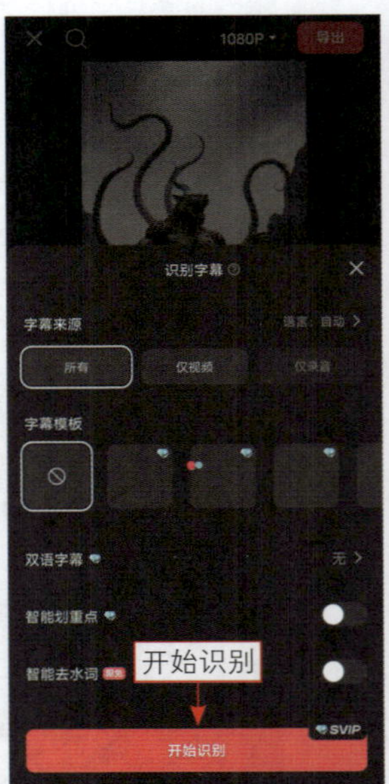

图 21-20　点击“开始识别”按钮

图 21-21　点击“编辑字幕”按钮

图 21-22　点击“样式”按钮

图 21-23　选择合适的字体（2）

图 21-24　调整文字的大小和位置

步骤 22 调整部分文字的轨道时长，并根据画面，调整其他文字的排版位置，如图21-25所示。

步骤 23 最后，为相应的片段添加合适的音效，如图21-26所示。

图 21-25　调整文字的排版位置

图 21-26　添加合适的音效

第 22 例　狐妖化为人形视频

狐妖化为人形这类视频通常结合了玄幻、古风、唯美、爱情等元素，在一些短视频平台上非常受欢迎，尤其受到年轻用户和二次元、国风爱好者的追捧。视频中的狐妖角色通常穿着汉服或仙侠风格服饰，搭配飘逸的长发、狐狸耳朵或尾巴等标志性元素，视觉冲击力强。本例将为大家介绍狐妖化为人形视频的制作技巧，希望用户可以举一反三，制作出其他妖怪化为人形的视频。

22.1　用豆包智能体，生成变身文案

豆包智能体依托字节跳动的AI技术和大数据能力，能进行自然语言处理、多轮对话、代码生成等任务，并深度整合到字节系产品（如今日头条、抖音）中，提升用户体验。下面介绍在豆包手机版中使用智能体生成变身提示词文案的操作技巧。

扫码看教学视频

步骤 01 打开豆包手机版，点击“搜索”按钮，❶在搜索栏中输入并搜索“山海经”；❷在搜索结果中选择“山海经变身提示词大师”选项，如图22-1所示。

步骤 02 进入“山海经变身提示词大师”对话界面，发送“九尾狐变身提示词”，即可生成相应的提示词，如图22-2所示。用户可以挑选并更改相应的提示词。

图 22-1　选择“山海经变身提示词大师”选项

图 22-2　生成相应的提示词

22.2　用即梦手机版，生成狐妖图片

在生成提示词之后，通过在即梦AI手机版中输入提示词、设置“图片3.0”生成模型、比例为9：16，生成并下载3张分别为妖怪、半妖和人形的图片，部分图片效果如图22-3所示。

扫码看教学视频

图 22-3　部分图片效果

22.3　用即梦手机版，生成狐妖视频

在生成变身视频的时候，需要用到即梦AI的首尾帧功能，通过单独设置视频开头（首帧）和结尾（尾帧）的特定画面或效果，得到变身的效果，部分视频效果如图22-4所示。

扫码看教学视频

图 22-4　部分视频效果

下面介绍在即梦AI手机版中生成狐妖视频的操作方法。

步骤 01 打开即梦AI手机版，点击“导入图片”按钮，如图22-5所示。

步骤 02 在“系统相册”界面中选择一张狐狸图片作为首帧图片，如图22-6所示。

步骤 03 ❶设置模型为“视频 1.2”；❷继续点击“导入图片”按钮，如图 22-7 所示。

步骤 04 在“系统相册”界面中选择一张半妖图片作为尾帧图片，如图22-8所示。

步骤 05 ❶在输入框中输入提示词；❷点击“生成”按钮，如图 22-9 所示。

图 22-5　点击“导入图片”按钮（1）

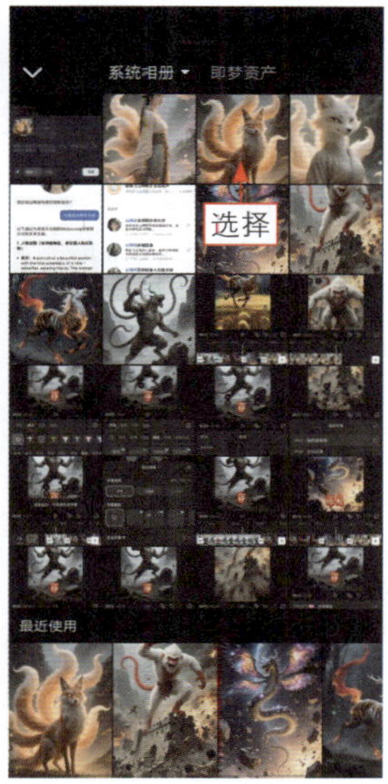

图 22-6　选择一张狐狸图片

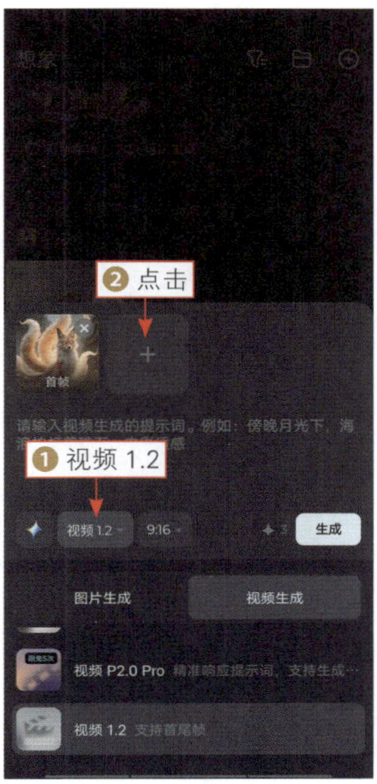

图 22-7　点击“导入图片”按钮（2）

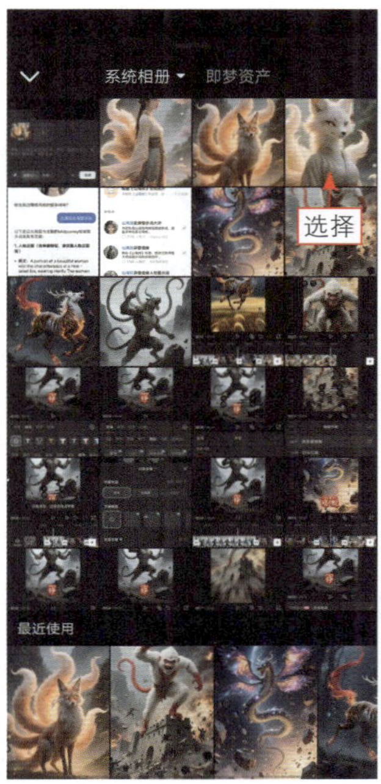

图 22-8　选择一张半妖图片

步骤 06 稍等片刻即可生成一段视频，选择视频，如图22-10所示，下载视频。同理，用半妖和人形图片再生成一段变身视频，然后再生成两段半妖和人形视频，模型改为“视频3.0”。

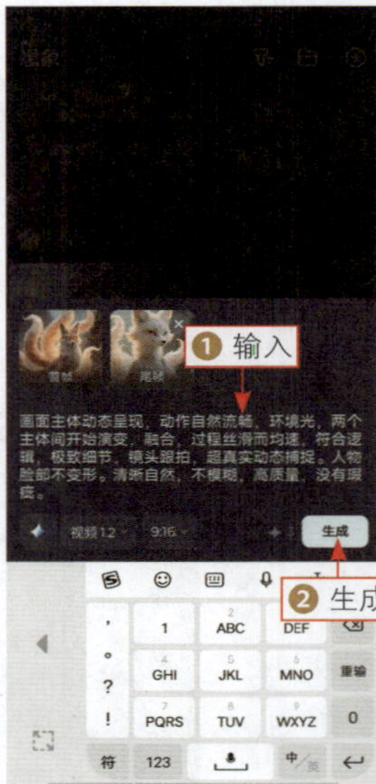

图 22-9　点击“生成”按钮

图 22-10　选择视频

22.4　用剪映手机版，剪辑狐妖视频

扫码看教学视频

在剪辑狐妖变身视频的时候，画面的变速和音效是非常重要的，可以为画面带来相应的氛围，视频效果如图22-11所示。

图 22-11　视频效果

下面介绍在剪映手机版中剪辑狐妖变身视频的操作方法。

步骤 01 打开剪映手机版，依次添加4段视频素材，❶选择第1段视频素材；❷点击“变速”按钮，如图22-12所示。

步骤 02 在弹出的工具栏中点击“曲线变速”按钮，如图22-13所示。

步骤 03 ❶选择“蒙太奇”选项，自动变速；❷点击按钮，如图22-14所示。

步骤 04 同理，为其他3段视频都设置“蒙太奇”曲线变速效果，在第3段视频的“蒙太奇”面板中，❶向上拖曳最后一个变速点，加快播放速度；❷选中“智能补帧”复选框；❸点击按钮，如图22-15所示。

图 22-12　点击“变速”按钮

图 22-13　点击“曲线变速”按钮

步骤 05 ❶调整第2段视频的时长为2.0s；❷点击“转场”按钮，如图22-16所示。

图 22-14　点击相应按钮（1）

图 22-15　点击相应按钮（2）

步骤 06 弹出相应的面板，在“热门”选项卡中选择“叠化”选项，如图22-17所示。

步骤 07 ❶点击“全局应用”按钮，为所有视频素材之间添加相同的转场；❷点击✓按钮，如图22-18所示。

步骤 08 ❶通过搜索歌曲名称“阴森”，添加背景音乐并调整其时长；❷在视频的起始位置点击“音效”按钮，如图22-19所示。

步骤 09 ❶输入并搜索“狐狸叫声”；❷点击所选音效右侧的“使用”按钮添加音效，如图22-20所示。

图 22-16　点击“转场”按钮

图 22-17　选择“叠化”选项

图 22-18　点击相应按钮（3）

图 22-19　点击“音效”按钮

步骤 10 ❶调整“狐狸叫声”音效的时长；❷在两段变身视频的下面添加变身音效，如图22-21所示。

步骤 11 最后在后面两段视频的位置添加一段笑声音效，如图22-22所示。

图 22-20　添加音效

图 22-21　添加变身音效

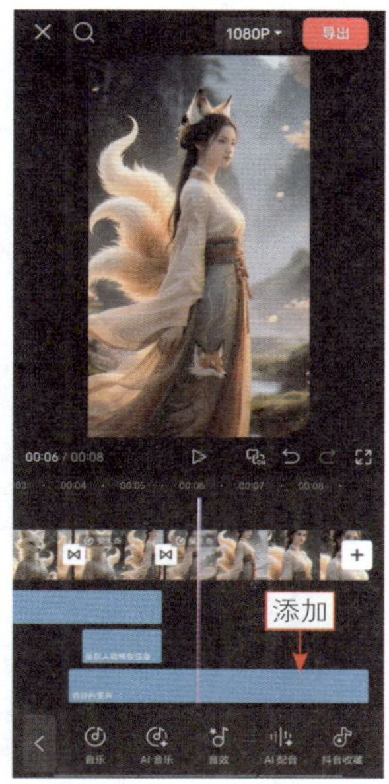

图 22-22　添加一段笑声音效

第 23 例　希腊神话人物视频

希腊神话充满爱恨情仇、权力斗争。部分希腊神话人物（如宙斯、雅典娜、美杜莎等）通常被塑造成高颜值、华丽服饰或特效加持的形象，这在“看脸”的世界中很容易被观众接受。随着AI技术的发展，它不仅能还原神话人物，还能增强神话人物的现代感，吸引年轻观众。希腊神话是西方文化的重要源头，希腊神话视频可以让观众通过短视频了解经典，既长知识又不枯燥。本例将为大家介绍希腊神话人物视频的制作技巧。

23.1　用豆包网页版，生成人物图片

扫码看教学视频

在豆包网页版的“新对话”页面中通过输入“生成4张希腊神话风格的图片，众神为主体，神话风格，威严，比例为9：16”和“帮我生成宙斯、波塞冬、哈迪斯、赫拉、阿波罗的图片，风格要一致，比例为9：16”提示词，生成并下载6张图片，部分图片效果如图23-1所示。

图 23-1　部分图片效果

☆ 温馨提示 ☆

如果不知道有哪些希腊神话人物，可以发送像“希腊神话有哪些人物，请简单介绍”这类提示词给 AI，让 AI 解答，寻求答案。一般而言，目前豆包手机版一次只能生成 4 张图片。用户可以通过修改提示词，获取相应数量的图片。

23.2　用即梦手机版，生成人物视频

扫码看教学视频

在生成6张图片之后，通过在即梦手机版中导入首帧图片、设置“视频3.0”生成模型，并输入相应的提示词，即可生成相应的6段视频，部分视频效果如图23-2所示。

图 23-2　部分视频效果

☆ 温馨提示

还可以继续输入“再帮我生成相应的图生视频提示词，简洁，有运镜”，获取提示词。

23.3　用剪映手机版，剪辑人物视频

在剪辑视频的时候，首先需要确定视频的风格，如果是轻快的，那么可以添加一些轻快风格的背景音乐和配音，让画面风格保持一致，部分视频效果如图23-3所示。

扫码看教学视频

图 23-3　部分视频效果

下面介绍在剪映手机版中剪辑希腊神话人物视频的操作方法。

步骤 01 打开剪映手机版，依次添加 6 段视频素材，❶ 调整视频素材的时长，使其依次为 2.5s、3.7s、1.9s、4.7s、3.2s 和 3.5s；❷ 选择第 3 段视频素材；❸ 依次点击“变速”按钮和“常规变速”按钮，如图 23-4 所示。

步骤 02 ❶ 设置“变速”为0.5×；❷选中“智能补帧”复选框；❸点击✓按钮，如图23-5所示，减慢视频播放的速度。

步骤 03 点击第 1 段视频素材和第 2 段视频素材之间的“转场”按钮▯，如图 23-6 所示。

步骤 04 ❶ 在“运镜”选项卡中选择“推近”转场；❷ 点击✓按钮，如图 23-7 所示。同理，为其他视频素材之间依次添加“横移模糊”运镜转场、“放射”运镜转场、“回忆拉屏 Ⅱ”运镜转场和“向右下”运镜转场。

步骤 05 在视频的起始位置依次点击“音频”按钮和“音乐”按钮，如图23-8所示。

图 23-4　添加视频素材并调整

图 23-5　减慢视频播放速度

图 23-6　点击“转场”按钮

图 23-7　添加转场效果

步骤 06 ❶通过搜索歌曲名称go off；❷点击所选音乐右侧的“使用”按钮添加音乐，如图23-9所示。

步骤 07 ❶调整音频素材的时长；❷点击“音量”按钮，如图23-10所示。

步骤 08 ❶设置“音量”为30，降低音量；❷点击☑按钮，如图23-11所示。

步骤 09 添加一段文字，❶输入视频文案；❷点击☑按钮，如图 23-12 所示。

步骤 10 点击“文本朗读”按钮，如图23-13所示。

图 23-8　点击“音乐”按钮

图 23-9　添加音乐

图 23-10　点击“音量”按钮（1）

图 23-11　降低音量

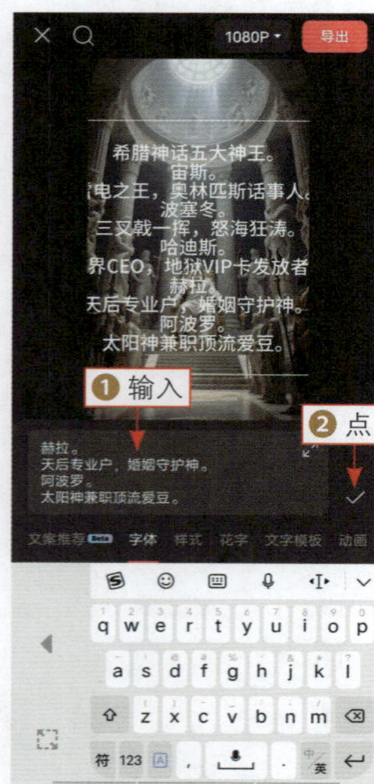

图 23-12　添加文字

步骤 11 ❶在“女声”选项卡中选择“出镜记者”选项；❷点击☑按钮，如图23-14所示。

步骤 12 生成音频之后，点击“删除”按钮删除文本，如图23-15所示。

步骤 13 ❶选择配音素材；❷点击“音量”按钮，如图23-16所示。

步骤 14 ❶设置“音量”为687，提高音量；❷点击✓按钮，如图 23-17 所示。可以根据配音内容，适当分割和调整音频素材的轨道位置。

步骤 15 在一级工具栏中点击“字幕”按钮，如图 23-18 所示。

步骤 16 弹出“识别字幕”面板，点击“开始识别”按钮识别字幕，如图23-19所示。

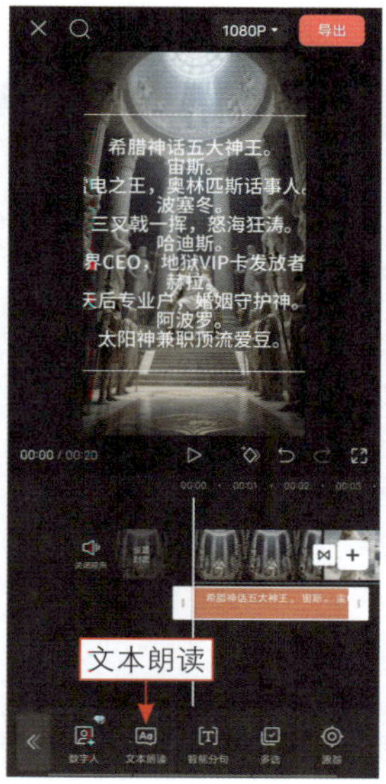

图 23-13　点击“文本朗读”按钮

图 23-14　点击相应按钮（1）

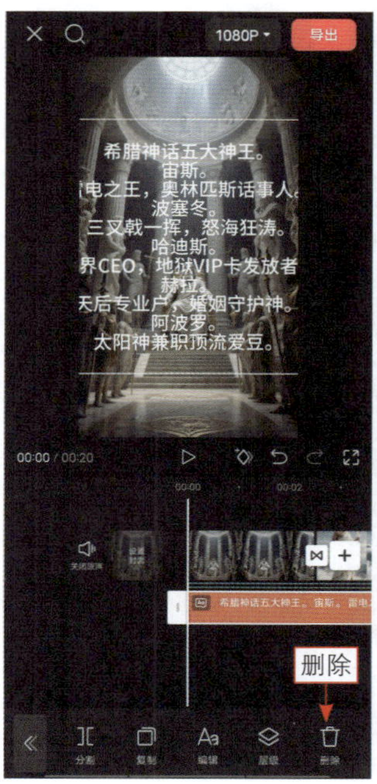

图 23-15　删除文字

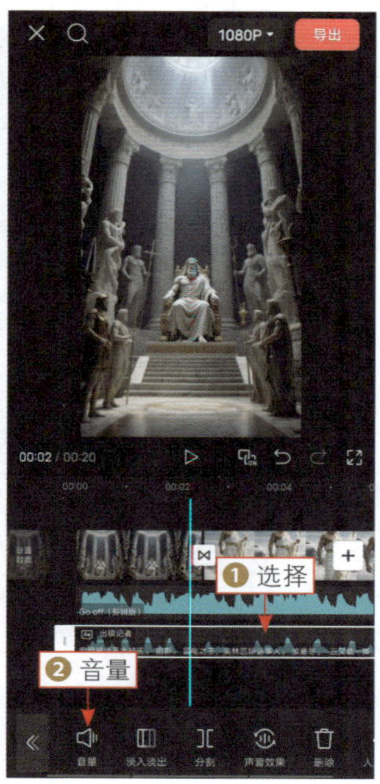

图 23-16　点击“音量”按钮（2）

图 23-17　提高音量

步骤 17 ❶选择字幕素材；❷点击“编辑字幕”按钮，如图23-20所示。

图 23-18　点击“字幕”按钮

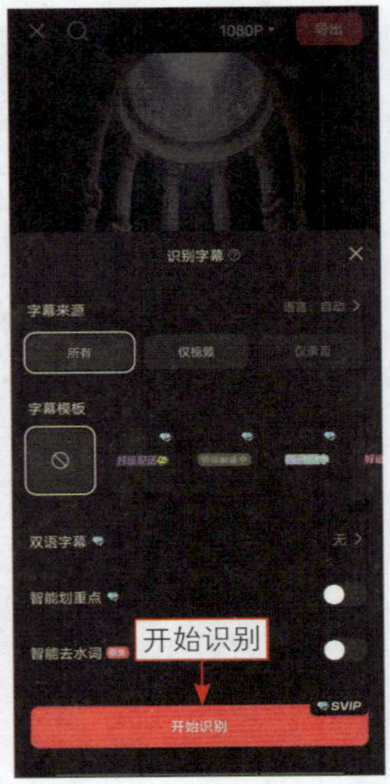

图 23-19　点击“开始识别”按钮

图 23-20　点击“编辑字幕”按钮

步骤 18 调整部分文字的排版和错字，❶全选文字；❷点击“样式”按钮，如图 23-21 所示。

步骤 19 ❶切换至“字体”|“书法”选项卡；❷选择合适的字体，如图 23-22 所示。

步骤 20 ❶切换至“样式”选项卡；❷选择一个样式；❸调整文字的大小和位置，如图 23-23 所示。

步骤 21 ❶切换至“动画”|“入场”选项卡；❷选择“向右模糊Ⅱ”选项；❸设置时长为 1.5s；❹点击按钮，如图 23-24 所示。

图 23-21　点击“样式”按钮（1）

图 23-22　选择合适的字体

步骤 22 ❶选择第2段字幕素材，❷调整文字的位置，如图23-25所示。

图 23-23　调整文字的大小和位置

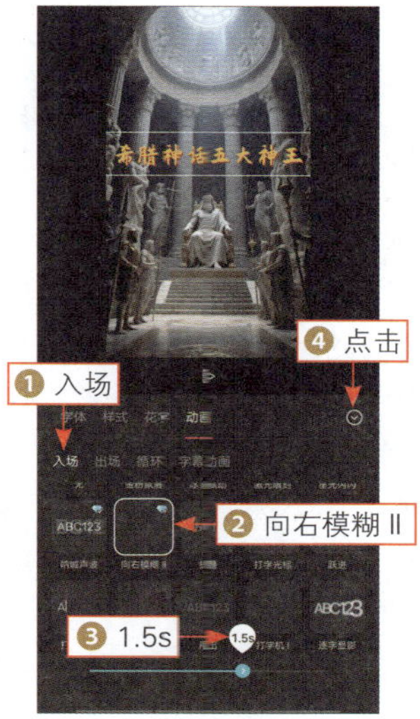

图 23-24　点击相应按钮（2）

图 23-25　调整文字的位置

步骤 23 ❶选择第3段字幕素材，❷点击“样式”按钮，如图23-26所示。

步骤 24 ❶切换至“样式”|“排列’选项卡；❷设置“缩放”为45缩小文字，如图23-27所示。

步骤 25 ❶选择一个样式；❷调整文字的位置，如图23-28所示。同理，调整其他文字的样式、大小和位置。

图 23-26　点击“样式”按钮（2）

图 23-27　缩小文字

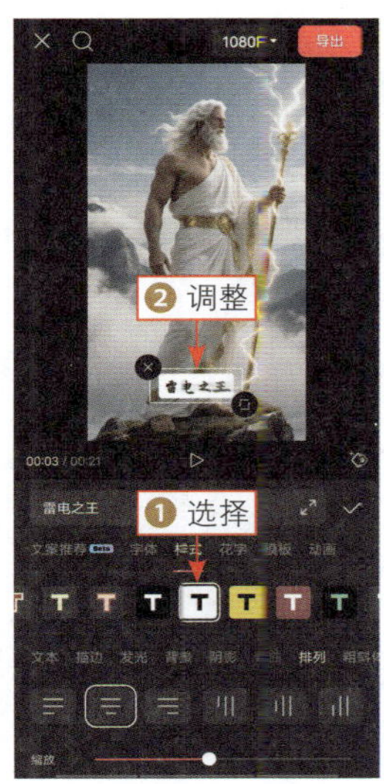

图 23-28　调整文字的位置

第 24 例　华夏女娲神话视频

女娲作为中华民族共同敬仰的创世女神和人文始祖，其形象深植于国人集体记忆。通过AI技术将女娲具象化，让她不仅仅只存在于神话故事中，这也为传统我国文化的创新性发展提供了新的路径。本例将为大家介绍华夏女娲神话视频的制作技巧，将神话内核进行现代表达，丰富艺术形式，延续文化基因，增强文化自信 。

24.1　用豆包网页版，生成女娲图片

扫码看教学视频

在豆包网页版的“新对话”页面中输入“华夏女娲，混沌初开，天地一片鸿蒙，女娲于这虚无之中诞生，她见这世间荒芜，心生怜悯，决心创造生灵，她以黄土为原料，捏出了人形，赋予他们生命，从此世间有了人类，他们繁衍生息，充满了生机。请根据这段视频文案，帮我生成相应的 8 张图片，与文案要相对应，比例为 16 : 9，要有一个女娲的形象，中式神话风格，色调保持一致，写实玄幻”和“帮我生成 4 张混沌初开、天地一片鸿蒙的图片，比例为 16 : 9，中式神话风格”提示词，生成并下载 7 张图片，部分图片效果如图 24-1 所示。

图 24-1　部分图片效果

24.2　用即梦手机版，生成女娲视频

扫码看教学视频

在生成7张图片之后，通过在即梦AI手机版中导入首帧图片、设置“视频3.0”生成模型，并输入相应的提示词即可生成相应的7段视频，部分视频效果如图24-2所示。

图 24-2　部分视频效果

24.3　用剪映手机版，剪辑女娲视频

通过使用“文本朗读”功能，可以为视频添加配音。另外，在剪映中还可以为配音添加场景音效果，让声音更逼真，视频效果如图24-3所示。

扫码看教学视频

图 24-3　视频效果

下面介绍在剪映手机版中剪辑华夏女娲神话视频的操作方法。

步骤 01 打开剪映手机版，依次添加7段视频素材，❶选择第1段视频素材；❷在起始位置点击“定格”按钮定格画面，如图24-4所示。

步骤 02 ❶调整定格素材和视频素材的时长，使其依次为1.4s、3.9s、2.9s、5.0s、3.0s、3.3s、3.1s和3.1s；❷在视频的起始位置依次点击“音频”按钮和“提取音乐”按钮，如图24-5所示。

步骤 03 ❶在“最近项目”界面中选择背景音乐视频素材；❷点击“仅导入视频的声音”按钮添加背景音乐，如图 24-6所示。

步骤 04 ❶调整音频素材的轨道位置，使其末尾位置对齐视频的末尾位置；❷点击“文本”按钮，如图24-7所示。

步骤 05 在弹出的二级工具栏中点击“新建文本”按钮，如图24-8所示。

图 24-4　定格画面

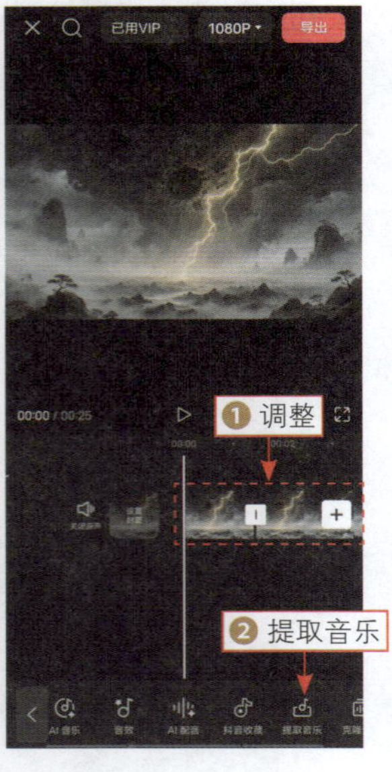

图 24-5　点击“提取音乐”按钮

图 24-6　点击“仅导入视频的声音”按钮

图 24-7　点击“文本”按钮

图 24-8　点击“新建文本”按钮

步骤 06 ❶输入视频文案；❷点击✓按钮，如图24-9所示。

步骤 07 点击“文本朗读”按钮，如图24-10所示。

步骤 08 ❶在“女声”选项卡中选择“情感树洞”选项并点击“调整参数”按钮；❷设置“语速”为0.7×，减慢说话速度；❸点击✓按钮，如图24-11所示。

步骤 09 生成配音之后，默认选择字幕素材，点击“删除”按钮删除字幕素材，如图24-12所示。

步骤 10 ❶选择配音音频素材；❷点击“声音效果”按钮，如图24-13所示。

图 24-9　输入视频文案

图 24-10　点击“文本朗读”按钮

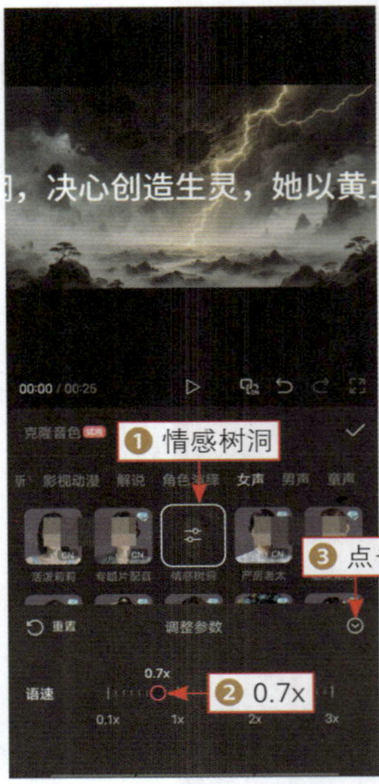

图 24-11　点击相应按钮（1）

图 24-12　删除字幕素材

图 24-13　点击“声音效果”按钮

步骤 11 ❶切换至“场景音”选项卡；❷选择“人声增强”选项，提升配音的质感；❸点击✓按钮，如图24-14所示。

步骤 12 点击第1段视频素材与第2段视频素材之间的“转场”按钮[I]，如图24-15所示。

☆ 温馨提示 ☆

不同的场景，可以为音频设置不同的场景音效果，增强配音的代入感和质感。

步骤 13 ❶在“光效”选项卡中选择“泛光”转场；❷点击✓按钮，如图24-16所示。同理，为其他视频素材之间依次添加“泛白”转场、“模糊”转场、“叠化”转场、“炫光Ⅱ”转场和“拉远”转场。

图 24-14　点击相应按钮（2）

图 24-15　点击“转场”按钮

步骤 14 在一级工具栏中点击“字幕”按钮，如图24-17所示。

步骤 15 弹出“识别字幕”面板，点击“开始识别”按钮识别字幕，如图 24-18 所示。

步骤 16 ❶ 选择字幕素材；❷ 点击“编辑字幕”按钮，如图 24-19 所示。

步骤 17 调整部分文字的排版和错字，❶ 全选文字；❷ 点击“样式”按钮，如图 24-20 所示。

步骤 18 ❶ 切换至“字体”|“书法”选项卡；❷ 选择合适的字体，如图 24-21 所示。

图 24-16　点击相应按钮（3）

图 24-17　点击“字幕”按钮

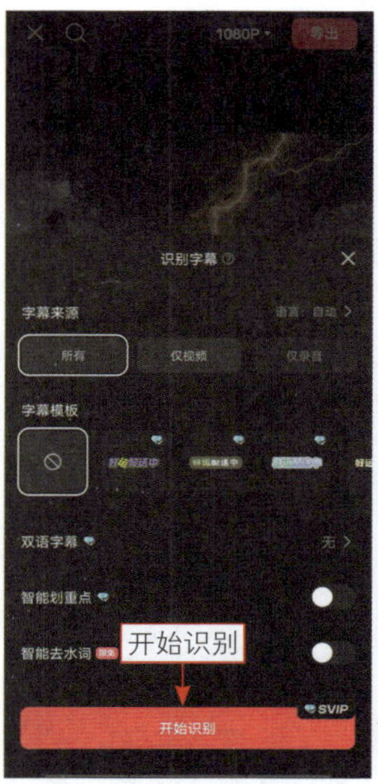

图 24-18　点击“开始识别”按钮

图 24-19　点击“编辑字幕”按钮

图 24-20　点击“样式”按钮（1）

步骤 19 ❶切换至“样式”|“排列”选项卡；❷选择一个样式；❸设置“缩放”为45，放大文字；❹设置“字间距”为2，增加文字之间的间距，如图24-22

所示。

步骤 20 ❶切换至“动画”|“入场”选项卡；❷选择“收拢”选项；❸点击按钮，如图24-23所示。

步骤 21 ❶只选择第1段字幕；❷点击“样式”按钮，如图24-24所示。

步骤 22 ❶切换至“字体”|“书法”选项卡；❷选择合适的字体；❸调整文字的大小和位置；❹点击按钮，如图24-25所示。

步骤 23 在第1段视频素材的起始位置点击“特效”按钮，如图24-26所示。

图 24-21　选择合适的字体

图 24-22　设置参数

图 24-23　点击相应按钮（4）

图 24-24　点击“样式”按钮（2）

图 24-25　点击相应按钮（5）

步骤 24 在弹出的二级工具栏中点击“画面特效”按钮，如图24-27所示。

图 24-26　点击“特效”按钮

图 24-27　点击“画面特效”按钮

步骤 25 弹出相应的面板，①切换至“动感”选项卡；②选择“轻微抖动”选项；③点击✓按钮，如图24-28所示。

步骤 26 调整“动感”特效的时长，使其对齐第1段视频素材的时长，如图24-29所示。

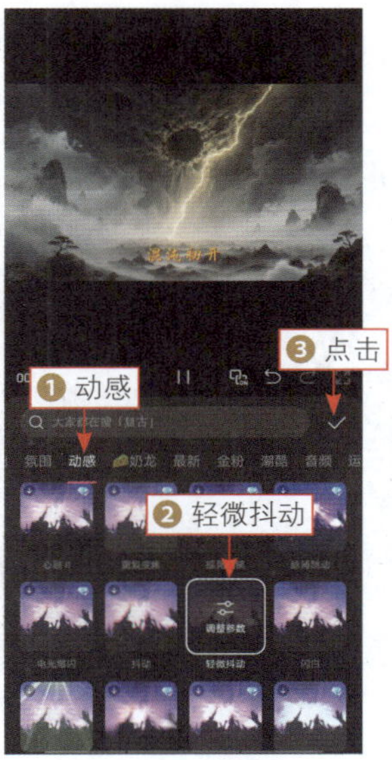

图 24-28　点击相应按钮（6）

图 24-29　调整“动感”特效的时长

第 25 例　蓬莱仙境故事短片

蓬莱自古被誉为“人间仙境”，一些视频常以八仙过海、海市蜃楼等神话传说为背景，结合现实中的蓬莱阁、八仙过海景区等景观，营造出亦真亦幻的仙境氛围。现代人渴望逃离都市压力，蓬莱的“神仙日子”概念（悠闲、浪漫、超脱）恰好契合这一需求。本例将为大家介绍蓬莱仙境故事短片的制作技巧，通过AI生成相应的内容，为观众提供情绪慰藉。

25.1　用豆包网页版，生成视频分镜

在豆包网页版的“新对话”页面中通过输入“我要做一个介绍蓬莱仙境的AI短视频，请帮我写视频文案，并附带相应的分镜头脚本，8个场景左右，多展示场景，少人物”提示词，生成相应的分镜脚本，如表25-1所示。

扫码看教学视频

表 25-1　分镜脚本

镜号	景别	时长	画面内容	台词	音乐/音效
1	远景	5s	云雾缭绕的海面，远方山峦若隐若现，阳光洒在云雾上，折射出五彩光芒	在中国古代神话传说里，渤海之中有一座神秘的蓬莱仙山，它是无数人梦寐以求的仙境	悠扬空灵的古风音乐起，海浪声、风声
2	全景	7s	蓬莱阁建筑群坐落在丹崖山巅，飞檐斗拱，气势恢宏，与碧海蓝天相映成趣	蓬莱阁，始建于宋朝嘉祐六年，与滕王阁、岳阳楼、黄鹤楼并称为中国古代四大名楼。它宛如一颗璀璨的明珠，镶嵌在这片神奇的土地上	古风音乐持续，夹杂着远处的鸟鸣声
3	中景	6s	从蓬莱阁的窗户望出去，海天一色，海面上波光粼粼，时有海鸟飞过	当你站在蓬莱阁内，仿佛能穿越时空，感受古人对仙境的向往与追求	古风音乐、窗户开合声，海鸟叫声
4	特写	5s	蓬莱阁上的雕花栏杆，精美的图案栩栩如生	这些精美的雕刻，诉说着岁月的故事，也展现了古人卓越的工艺	古风音乐、轻微的风声
5	全景	6s	云雾在山间流动，田横山风景区内树木郁郁葱葱，仿佛一幅水墨画	田横山，与蓬莱阁相依相伴，这里山水相依，充满了诗意与神秘	古风音乐、风声，树叶的沙沙声
6	中景	7s	八仙过海景区的八仙桥横跨海面，桥上人来人往，桥下海浪拍打着桥墩	相传，八仙曾在此各显神通，渡海而去，留下了“八仙过海，各显神通”的千古佳话	古风音乐，海浪声，人群的嘈杂声
7	远景	6s	三仙山风景区内，亭台楼阁错落有致，与湖水、绿树相互映衬，宛如仙境	三仙山，承载着人们对仙境的美好想象，一砖一瓦，一草一木，皆充满了仙气	古风音乐，轻柔的风声
8	全景	8s	夜幕降临，蓬莱仙境笼罩在一片柔和的月光下，楼阁的轮廓在月色中若隐若现，如梦如幻	蓬莱仙境，无论是白昼还是黑夜，都散发着独特的魅力，令人心醉神迷，流连忘返	古风音乐渐弱，海浪声、风声持续

☆ 温馨提示 ☆

在生成分镜脚本之后，用户可以提取其中的台词文案，整合成一段视频解说文案，以方便为视频添加旁白配音。

25.2　用豆包网页版，制作仙境图片

在豆包网页版的“新对话”页面中通过输入“根据以上分镜文案，帮我生成相应的图片，比例为9：16，画面风格要保持一致，偏写实风格，有种仙气飘飘、雾气蒙蒙的感觉”和“再帮我生成8张仙女在蓬莱仙境中的图片”提示词，生成并下载11张图片，部分图片效果如图25-1所示。

扫码看教学视频

图 25-1　部分图片效果

☆ 温馨提示 ☆

在豆包网页版的“新对话”界面中输入“再帮我想一些图生视频的提示词，每段 30 字左右，要包含运镜”提示词，即可生成相应的图生视频提示词。

25.3　用即梦网页版，制作仙境视频

与在即梦手机版中通过图生视频功能生成视频的操作一样，在生成11张图片之后，通过在即梦网页版的“视频生成”页面中导入首帧图片、设置“视频3.0”生成模型，并输入相应的提示词，即可生成11段视频，部分视频效果如图25-2所示。

扫码看教学视频

图 25-2　部分视频效果

25.4　用剪映专业版，剪辑仙境视频

扫码看教学视频

在剪映专业版中，根据视频文案对视频进行排序和组接，并添加相应的字幕和配音，可以增加沉浸感，视频效果如图25-3所示。

图 25-3　视频效果

下面介绍在剪映专业版中剪辑仙境视频的操作方法。

步骤 01 打开剪映专业版，在“素材”功能区的“导入”选项卡中，单击“导入”按钮，如图25-4所示。

步骤 02 弹出“请选择媒体资源”对话框，❶在相应的文件夹中全选所有的视频素材；❷单击“打开”按钮导入视频素材，如图25-5所示。

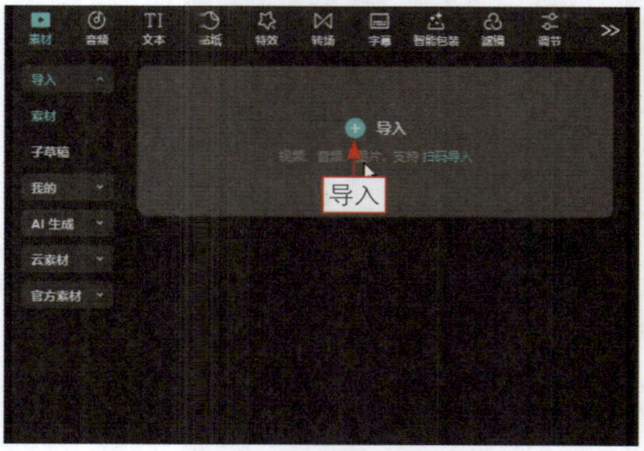

图 25-4　单击“导入”按钮

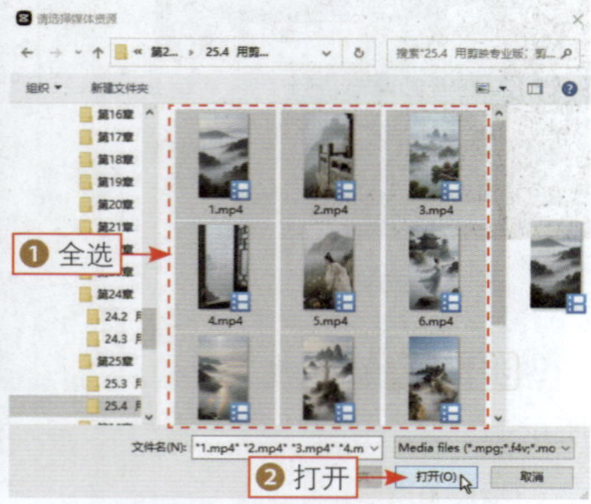

图 25-5　导入视频素材

步骤 03 在“素材”功能区中单击第1段视频素材右下角的“添加到轨道”按钮把视频依次添加到视频轨道中，如图25-6所示。

步骤 04 ❶切换至“文本”功能区；❷单击“默认文本”右下角的“添加到轨道”按钮添加文本，如图25-7所示。

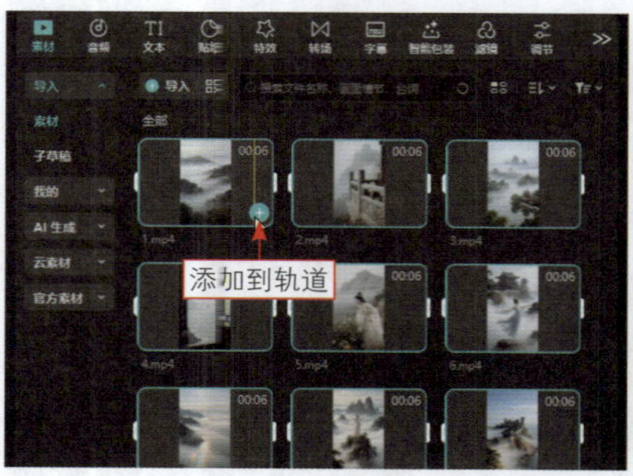

图 25-6　单击“添加到轨道”按钮（1）

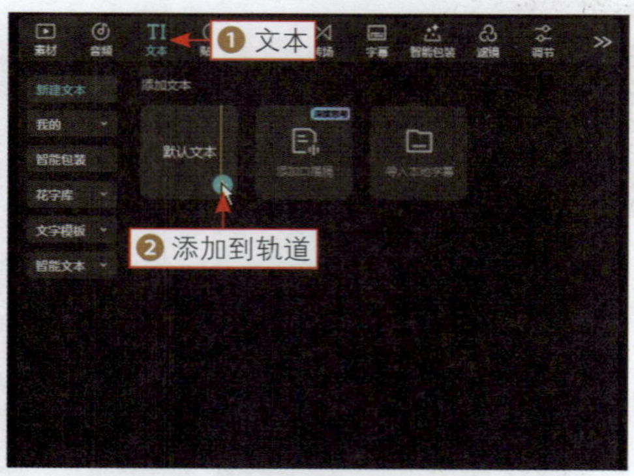

图 25-7　单击“添加到轨道”按钮（2）

步骤 05 ❶在“文本”操作区中输入视频文案；❷单击“朗读”按钮，如图25-8所示。

步骤 06 ❶切换至“文本朗读”|“男声”选项卡；❷选择“苏感低音”选

项；❸单击“开始朗读”按钮生成配音，如图25-9所示。

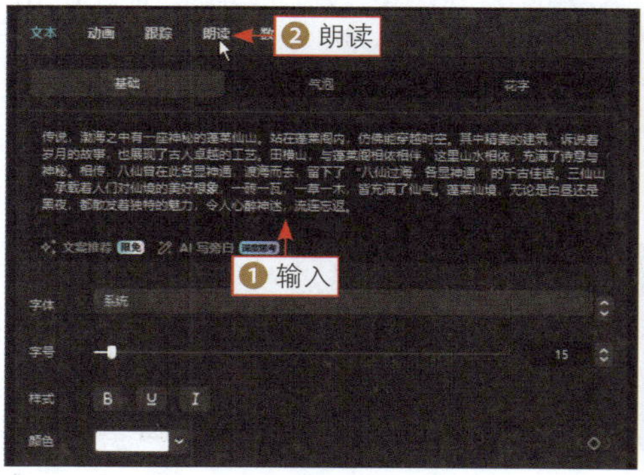

图 25-8　单击“朗读”按钮

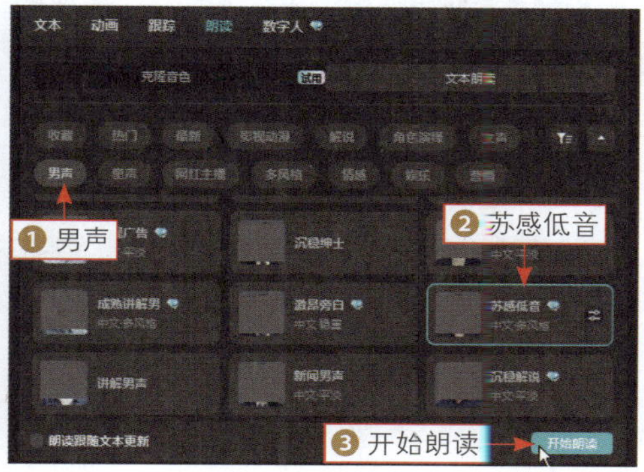

图 25-9　生成配音

步骤 07 在“基础”操作区中设置“音量”为7.7dB，提升音量，如图25-10所示。

步骤 08 ❶切换至“声音效果”|“场景音”选项卡；❷选择“低音增强”选项让配音更有质感，如图25-11所示。

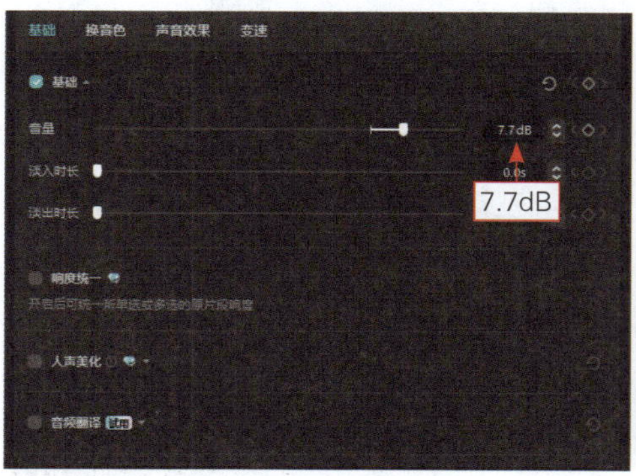

图 25-10　设置“音量”参数（1）

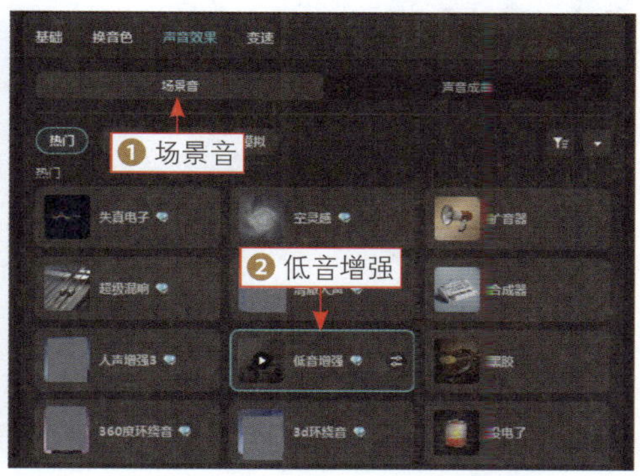

图 25-11　选择“低音增强”选项

步骤 09 ❶选择字幕素材；❷单击“删除”按钮，删除不需要的字幕素材，只留音频素材，如图25-12所示。

步骤 10 根据配音内容，通过拖曳视频素材左右两侧白框的方式，调整每段视频素材的时长，如图25-13所示。

步骤 11 ❶切换至“转场”功能区；❷在“叠化”选项卡中单击“叠化”转场右下角的“添加到轨道”按钮，为视频素材之间添加转场，如图25-14所示。

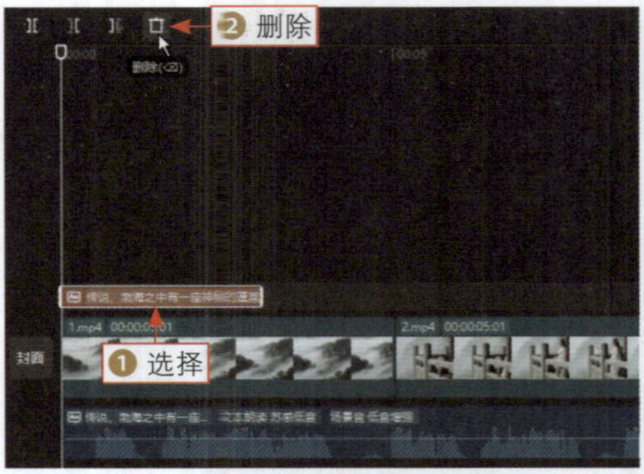

图 25-12　删除素材

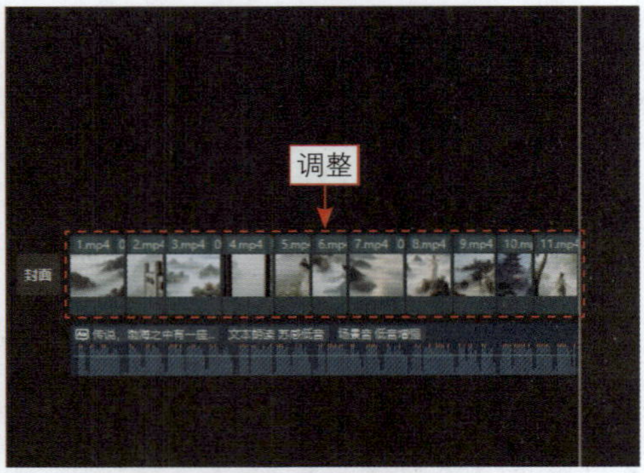

图 25-13　调整每段视频素材的时长

步骤 12 在“转场”操作区中单击“应用全部”按钮，为所有的视频素材之间添加相同的转场，如图25-15所示。

图 25-14　单击“添加到轨道”按钮（3）

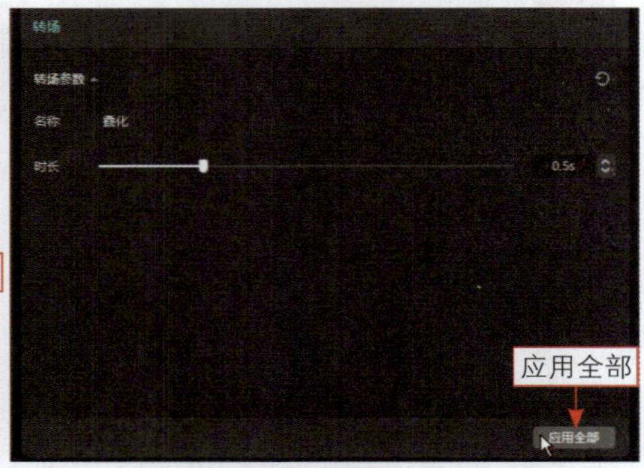

图 25-15　单击“应用全部”按钮

步骤 13 拖曳时间轴至视频的起始位置，❶切换至“音频”功能区；❷在“音乐库”选项卡中搜索“仙境纯音乐”；❸单击所选音乐右下角的“添加到轨道”按钮⊕，如图25-16所示。

步骤 14 添加背景音乐，调整背景音乐的时长，使其末尾位置对齐视频的末尾位置，如图25-17所示。

步骤 15 在“基础”操作区中设置“音量”为-16.3dB，降低背景音乐的音量，突出人声，如图25-18所示。

步骤 16 ❶切换至“文本”功能区；❷在“智能文本”|“文稿匹配”选项卡中单击“开始使用”按钮，如图25-19所示。

步骤 17 弹出“输入文稿”面板，❶粘贴视频文案；❷单击“开始匹配”按钮，如图25-20所示。

图 25-16　单击“添加到轨道”按钮（4）

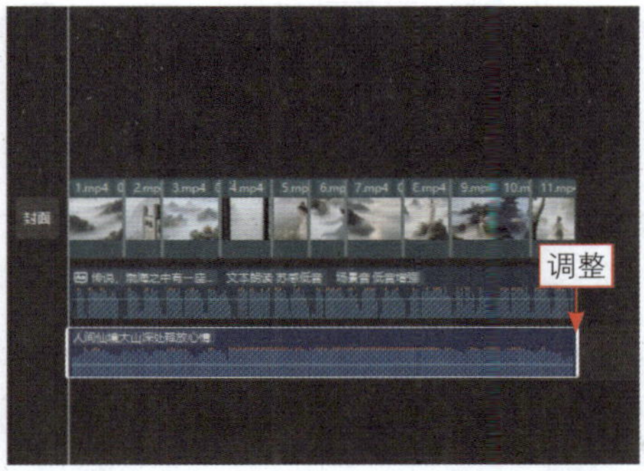

图 25-17　调整背景音乐的时长

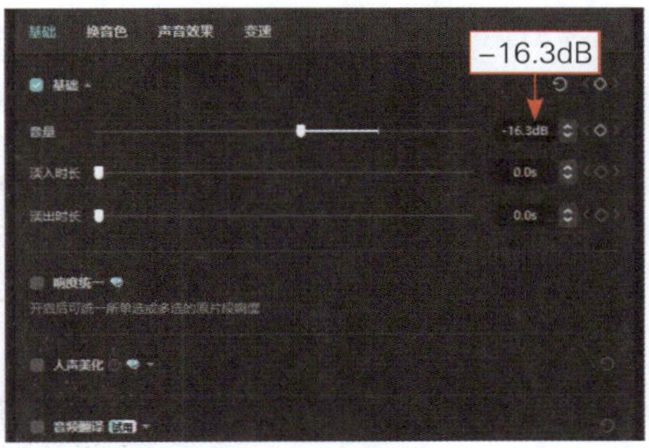

图 25-18　设置“音量”参数（2）

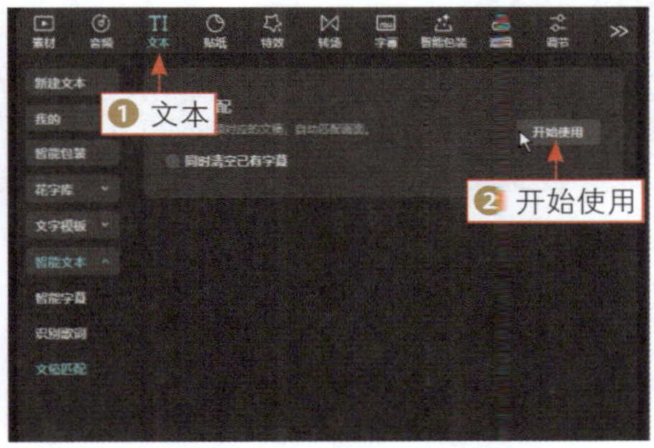

图 25-19　单击“开始使用”按钮

步骤 18 稍等片刻，即可生成相应的字幕，❶设置字体；❷设置“字号”为11，放大文字；❸设置“字间距”为2，增加文字之间的间距，如图25-21所示。

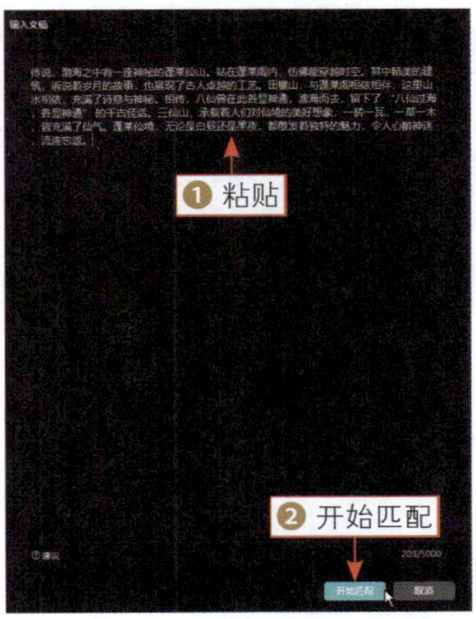

图 25-20　单击“开始匹配”按钮

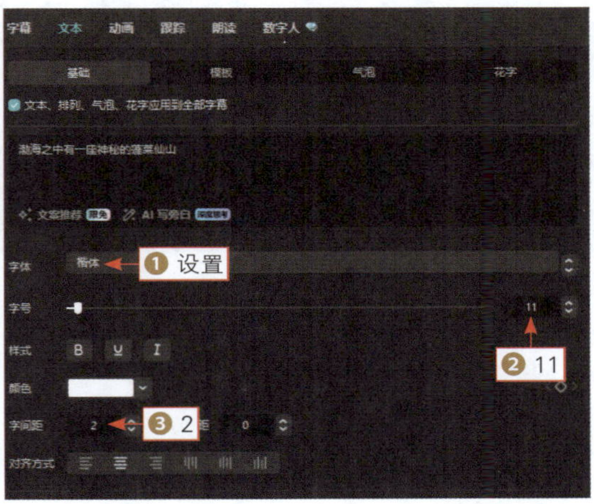

图 25-21　设置字幕

步骤 19 在“播放器”面板中调整文字的画面位置，并调整部分文字的排版，使其不要单字成行，如图25-22所示。

步骤 20 选择最后一段字幕素材，如图25-23所示。

图 25-22　调整部分文字的排版

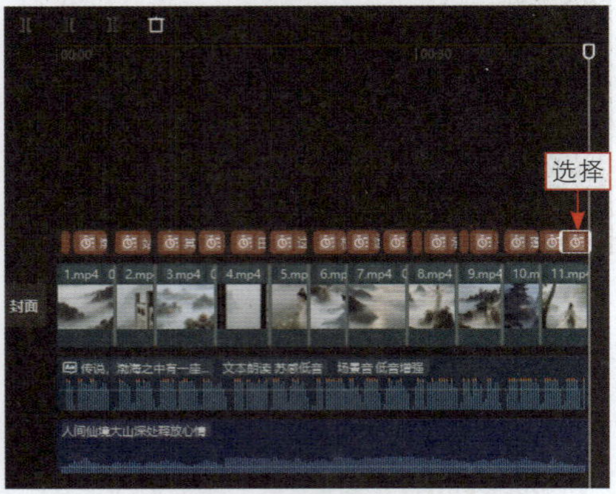

图 25-23　选择最后一段字幕素材

步骤 21 ❶切换至“动画”|“出场”选项卡；❷选择“渐隐”选项，让文字慢慢变黑，如图25-24所示。

步骤 22 选择最后一段视频素材，如图25-25所示。

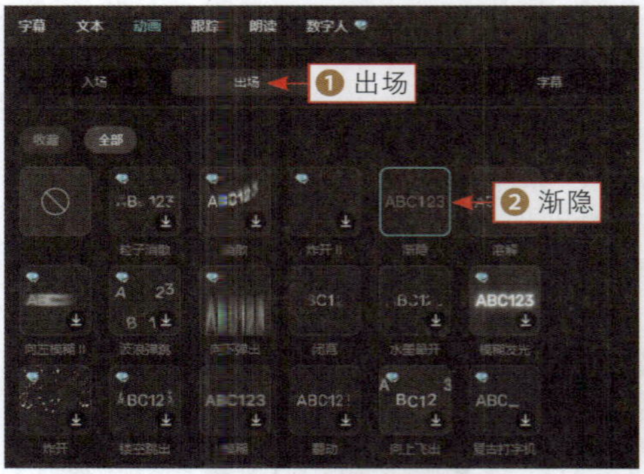

图 25-24　选择“渐隐”选项（1）

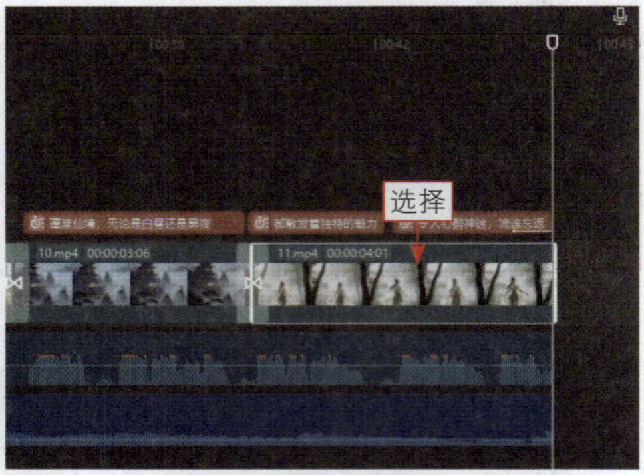

图 25-25　选择最后一段视频素材

步骤 23 ❶切换至“动画”|“出场”选项卡；❷选择“渐隐”选项，让视频画面慢慢变黑，如图25-26所示。

步骤 24 拖曳时间轴至视频的起始位置，❶切换至“新建文本”选项卡；❷单击“默认文本”右下角的“添加到轨道”按钮，添加文本，如图25-27所示。

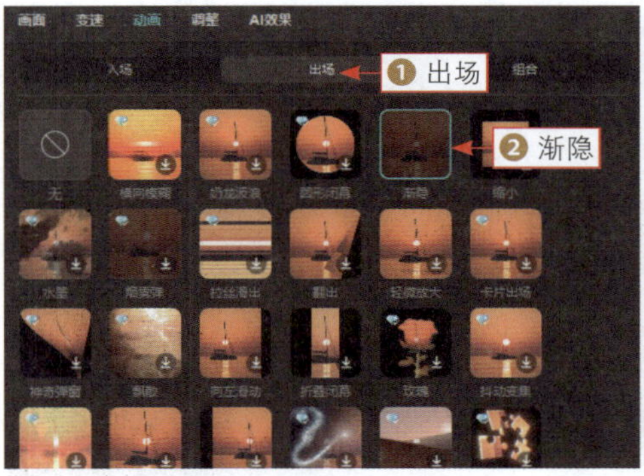

图 25-26　选择“渐隐”选项（2）

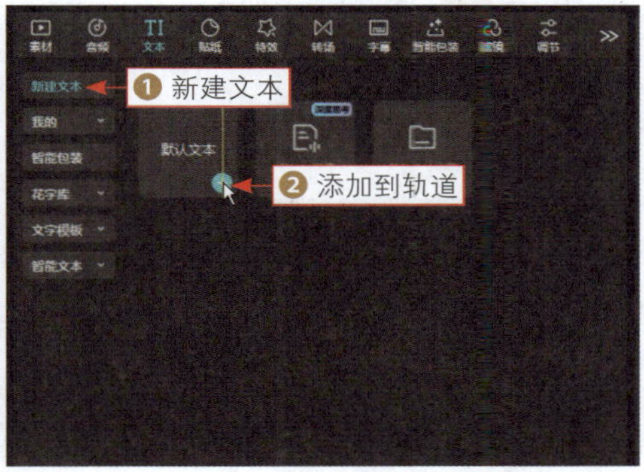

图 25-27　单击“添加到轨道”按钮（5）

步骤 25 调整“默认文本”的时长，使其末尾位置对齐下一段字幕的起始位置，如图25-28所示。

步骤 26 ❶在“文本”操作区中输入标题文案；❷设置字体；❸设置“字号”为30，放大文字，如图25-29所示。

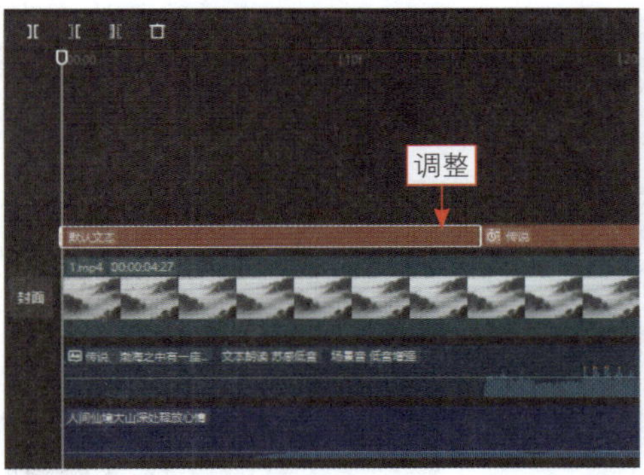

图 25-28　调整“默认文本”的时长

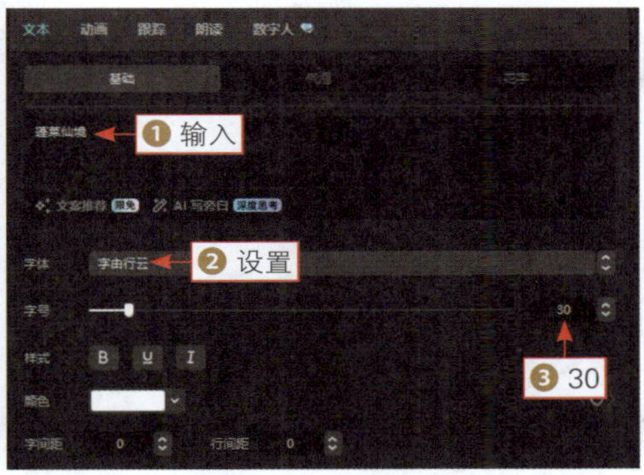

图 25-29　放大文字

【商业广告篇】

第 26 例　茶叶广告视频

随着人工智能技术的发展，AI可以快速生成高质量的广告文案、短视频脚本、海报设计等内容。例如，用户可以使用豆包生成吸引人的茶叶广告文案、创意海报，甚至可以通过AI绘画生成产品展示图，并生成相应的AI视频，极大提升内容创作效率。随着直播电商和短视频平台的崛起，AI在茶叶电商广告中的应用将更加深入。本例将为大家介绍茶叶广告视频的制作技巧。

26.1　用豆包网页版，生成广告分镜

在豆包网页版的“新对话”页面中通过输入“我要做一个品牌名为‘叶语’的茶叶广告视频，请帮我想一个分镜脚本，要有诗意感、画面感，清新，商业氛围浓厚，让人有购买的欲望”提示词，生成相应的广告分镜脚本，如表26-1所示。

扫码看教学视频

表 26-1　广告分镜脚本

镜号	景别	时长	画面内容	旁白/字幕	音效
1	远景	5s	晨光微露，云雾缭绕的茶山若隐若现，茶树在山风轻抚下轻轻摇曳，仿佛在诉说着神秘的故事	（轻柔音乐渐起）字幕：在群山环抱之处，聆听自然的私语	鸟鸣声、微风声，轻柔舒缓的背景音乐
2	中景	6s	身穿素雅服饰的采茶姑娘，面带微笑，指尖灵巧地将嫩绿的茶叶采入竹篮，每一个动作都轻盈优雅	旁白：“叶语，始于每一片饱含心意的嫩芽。”	手指轻触茶叶的细微声响，背景音乐持续
3	特写	4s	鲜嫩的茶叶在竹篮中堆叠，露珠顺着叶片滑落，清晰展现茶叶的饱满与润泽感	无	露珠滴落的滴答声，背景音乐持续
4	中景	6s	古朴的制茶工坊内，经验丰富的制茶师傅专注地翻炒茶叶，手法娴熟，茶叶在锅中上下翻飞	旁白：“传承古法工艺，精心雕琢每一缕茶香。”	茶叶翻炒的沙沙声，背景音乐持续
5	特写	4s	热气腾腾的茶叶在师傅手中渐渐成型，卷曲的茶叶散发着淡淡的清香	无	茶叶翻炒的沙沙声减弱，背景音乐持续
6	近景	5s	精美的“叶语”茶叶礼盒缓缓打开，整齐排列的茶叶包装，设计简约而不失典雅，透出一股高端质感	字幕：“叶语，您的品质之选”	礼盒开启的轻微声响，背景音乐持续
7	特写	7s	透明玻璃杯中，几片茶叶在热水的注入下，缓缓舒展，茶汤逐渐变得清澈透亮，散发着诱人的香气	旁白：“一杯叶语，让生活慢下来，品味自然的馈赠。”	热水注入的声音，茶叶舒展的细微声响，背景音乐持续
8	中景	6s	午后阳光洒进窗边，一位优雅的女士端起茶杯，轻抿一口，露出惬意满足的微笑，窗外绿植随风摆动	无	轻柔的啜饮声，背景音乐持续
9	全景	8s	不同场景下人们享受“叶语”茶的画面快速切换：朋友聚会时分享茶香、商务洽谈时品味茶韵、独处时沉浸于茶香之中	旁白：“叶语，陪伴每一个美好时刻。”	背景音乐节奏稍加快，融入不同场景的轻微交谈声等
10	特写	5s	“叶语”品牌LOGO缓缓浮现，下方出现购买渠道和联系方式	字幕：“即刻拥有叶语，开启茶香之旅”	背景音乐渐弱

26.2 用豆包网页版，生成茶叶图片

在豆包网页版的“新对话”页面中通过输入“根据以上分镜文案，帮我生成相应的图片，比例为9：16，画面风格要保持一致，偏写实风格，清新，部分图片中有一位女主角”提示词，生成并下载10张图片，部分图片效果如图26-1所示。

扫码看教学视频

图 26-1 部分图片效果

☆ 温馨提示 ☆

在豆包网页版的“新对话”页面中输入“再帮我想一些图生视频的提示词，每段30字左右，要包含运镜”提示词，即可生成相应的图生视频提示词。

26.3 用即梦手机版，生成茶叶视频

在生成10张图片之后，通过在即梦AI手机版中导入首帧图片、设置“视频3.0”生成模型，并输入相应的提示词，即可生成相应的10段视频，部分视频效果如图26-2所示。

扫码看教学视频

图 26-2　部分视频效果

26.4　用剪映手机版，剪辑茶叶广告视频

广告视频中的配音和字幕是非常重要的。剪映有广告风格的配音和一些文字模板，能让视频的商业气息浓厚，视频效果如图26-3所示。

扫码看教学视频

图 26-3　视频效果

下面介绍在剪映手机版中剪辑茶叶广告视频的操作方法。

步骤 01 打开剪映手机版，依次添加10段视频素材，❶选择第2段视频素材；❷依次点击“变速”按钮和“常规变速”按钮，如图26-4所示。

步骤 02 ❶设置“变速”为0.5×，减慢播放速度；❷选中“智能补帧”复选框；❸点击✓按钮，如图26-5所示。同理，为第9段视频素材设置0.7×的变速效果。

步骤 03 在视频起始位置添加一段文本，❶输入视频文案；❷点击✓按钮，如图26-6所示。

步骤 04 点击“文本朗读”按钮，如图26-7所示。

步骤 05 ❶在“营销”选项卡中选择“广告男声2”选项并点击“调整参数”按钮；❷设置“语速”为0.9×，减慢说话的速度；❸点击✓按钮生成配音，如图26-8所示。

图 26-4　点击“常规变速”按钮

图 26-5　点击相应按钮（1）

图 26-6　点击相应按钮（2）

图 26-7　点击“文本朗读”按钮

图 26-8　点击相应按钮（3）

步骤 06 默认选择字幕素材，点击“删除”按钮，删除字幕素材，如图26-9

所示。

步骤 07 ❶选择配音音频素材；❷点击“声音效果”按钮，如图26-10所示。

步骤 08 ❶切换至“场景音”选项卡；❷选择“清澈人声”选项，提升配音的质感；❸点击✓按钮，如图 26-11 所示。

步骤 09 ❶选择配音音频素材；❷点击“音量”按钮，如图26-12所示。

步骤 10 ❶设置“音量”为672，提升音量；❷点击✓按钮，如图26-13所示。

图 26-9　点击“删除”按钮

图 26-10　点击“声音效果”按钮

步骤 11 ❶根据配音内容，调整10段视频素材的时长；❷点击第1段视频素材与第2段视频素材之间的“转场”按钮⎸ı⎸，如图26-14所示。

图 26-11　点击相应按钮（4）

图 26-12　点击“音量”按钮

图 26-13　点击相应按钮（5）

步骤 12 弹出相应的面板，❶在“热门”选项卡中选择“叠化”选项；❷点击“全局应用”按钮，为所有视频素材之间添加相同的转场；❸点击✓按钮，如图26-15所示。

步骤 13 在视频的起始位置点击“音乐”按钮，如图26-16所示。

步骤 14 进入“音乐”界面，❶搜索歌曲名称“大自然的声音”；❷点击所选音乐右侧的“使用”按钮添加背景音乐，如图26-17所示。

图 26-14　点击“转场”按钮

图 26-15　点击相应按钮（6）

步骤 15 ❶调整背景音乐的时长，使其末尾位置对齐第3段视频素材的末尾位置；❷点击“淡入淡出”按钮，如图26-18所示。

图 26-16　点击“音乐”按钮

图 26-17　添加背景音乐

图 26-18　点击“淡入淡出”按钮

步骤 16 设置“淡出时长”为1.5s，点击☑按钮，如图26-19所示，让音乐结束得更自然。

步骤 17 点击“音量”按钮，❶设置“音量”为60，降低音量；❷点击☑按钮，如图26-20所示。

步骤 18 在7s左右的位置添加一段“最初的感觉”音乐，并调整其时长，设置其淡入淡出时长参数均为1s，如图26-21所示。

步骤 19 在一级工具栏中点击“字幕”按钮，如图26-22所示。

图 26-19　设置“淡出时长”参数

图 26-20　点击相应按钮（7）

步骤 20 弹出“识别字幕”面板，点击“开始识别”按钮识别字幕，如图26-23所示。

图 26-21　添加一段音乐

图 26-22　点击“字幕”按钮

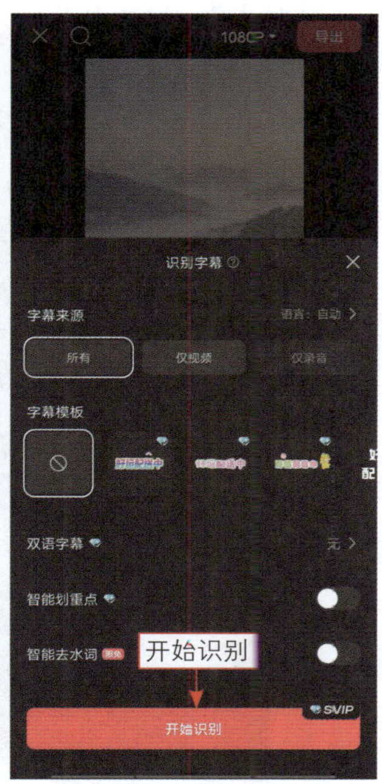

图 26-23　点击“开始识别”按钮

步骤 21 ❶ 选择字幕素材；❷ 点击“编辑字幕”按钮，如图 26-24 所示。

步骤 22 更改部分文字内容和排版，❶ 选择第 1 段文字；❷ 点击 Aa 按钮，如图 26-25 所示。

步骤 23 取消选中“应用到所有字幕”单选按钮，❶ 切换至“文字模板”|“简约”选项卡；❷ 选择一个模板；❸ 调整文字的大小和位置，如图 26-26 所示。

步骤 24 选择第 3 段字幕，❶ 切换至“模板”|“简约”选项卡；❷ 选择一个模板；❸ 更改部分文字内容；❹ 调整文字的大小和位置，如图 26-27 所示。同理，根据需求为其他文字添加相应的文字模板，并调整其大小和位置。

图 26-24　点击“编辑字幕”按钮

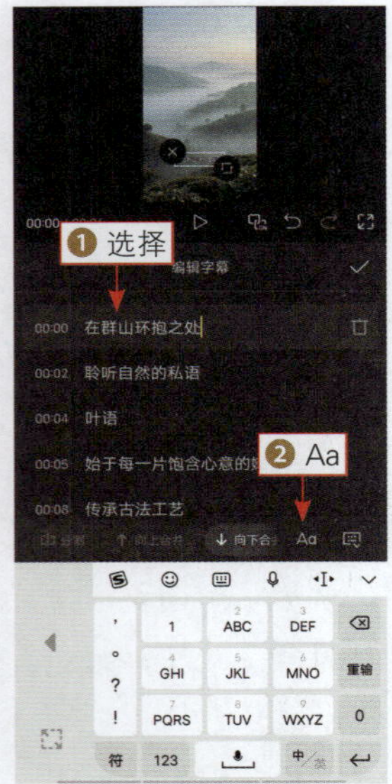

图 26-25　点击 Aa 按钮

图 26-26　调整文字的大小和位置（1）

图 26-27　调整文字的大小和位置（2）

第 27 例　书单广告视频

AI在书单广告和读书分享视频中的应用正逐渐改变传统的图书推荐方式，它正凭借其高效性、个性化和互动性，成为出版营销和教育领域的重要工具。借用AI工具可生成文案和配音，大幅降低制作门槛，使非专业人士也能快速产出高质量视频。相比传统文字书单，AI生成的视频书单结合了动态图片、书籍封面、背景音乐和旁白解说，使内容更生动有趣。这种视觉化呈现能有效吸引观众注意力，激发他们对书籍的探索欲望。本例将为大家介绍书单广告视频的制作技巧。

27.1 用 DeepSeek，生成视频文案

扫码看教学视频

在DeepSeek中可以通过输入相应的提示词让DeepSeek进行模仿写作，生成相应的书单广告视频文案。下面介绍在DeepSeek手机版中生成视频文案的操作方法。

步骤 01 打开DeepSeek手机版，进入对话界面，点击输入框，❶在输入框中输入相应的提示词；❷选择“联网搜索”选项；❸点击“发送”按钮，如图27-1所示。

步骤 02 稍等片刻，即可生成相应的回复内容，如图 27-2 所示，用户可以挑选文案进行复制。

图 27-1　输入提示词

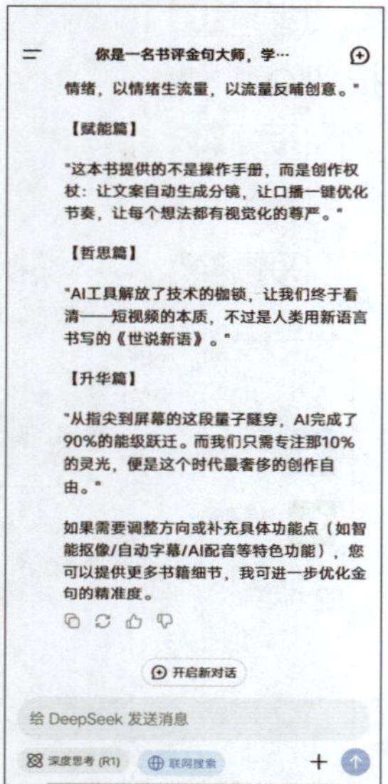

图 27-2　生成相应的回复内容

27.2 用豆包手机版，生成背景图片

扫码看教学视频

在豆包手机版的“新对话”界面中通过输入“我正在做一个偏人工智能风格的视频，请帮我生成4张视频背景图片，插画风格，比例为16：9”提示词，生成并下载1张背景图片，效果如图27-3所示。

图 27-3　图片效果

27.3　用配音神器 pro，生成配音

使用微信平台中的配音神器pro小程序，即可生成一段具有网感的配音，而且目前该小程序是免费的。下面介绍用配音神器pro生成配音的操作方法。

扫码看教学视频

步骤 01 打开微信手机版，在“微信”界面中点击“搜索”按钮 Q，如图27-4所示。

步骤 02 ❶在搜索栏中输入并搜索“配音神器pro”；❷在搜索结果中选择“配音神器pro”选项，如图27-5所示。

步骤 03 进入相应的界面，点击“制作配音”按钮，如图27-6所示。

图 27-4　点击“搜索”按钮

图 27-5　选择“配音神器 pro”选项

图 27-6　点击“制作配音”按钮

步骤 04 ❶在“配音神器pro”界面中粘贴视频文案；❷设置“声音”为“晓妍-自然流畅”、“语速”为“1.2倍慢速”、“情感强度”为“1.5倍情感”；❸点击“合成配音”按钮；❹点击“导出配音”按钮，如图27-7所示。

步骤 05 稍等片刻，即可生成一段配音，点击“下载配音”按钮，如图27-8所示。

步骤 06 ❶点击“保存配音视频到相册”选项右侧的“去保存”按钮；❷在弹出的面板中点击“允许”按钮保存配音视频，如图27-9所示。

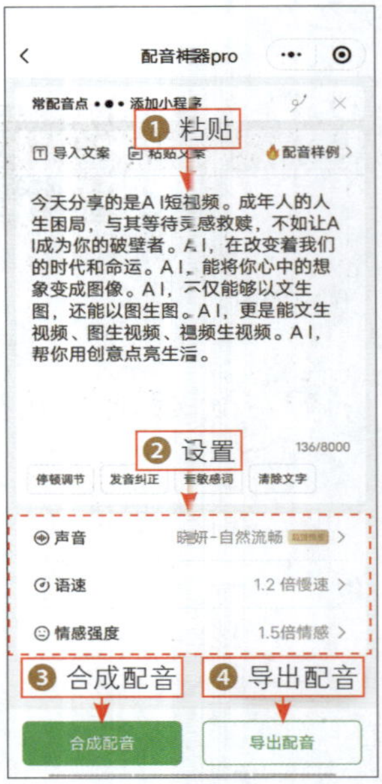

图 27-7　设置配音

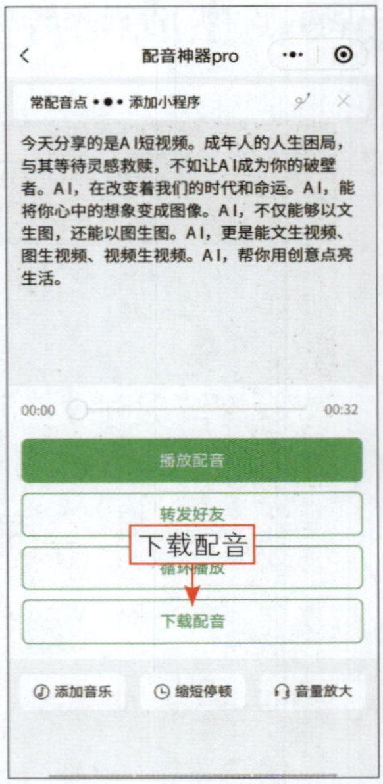

图 27-8　点击“下载配音”按钮

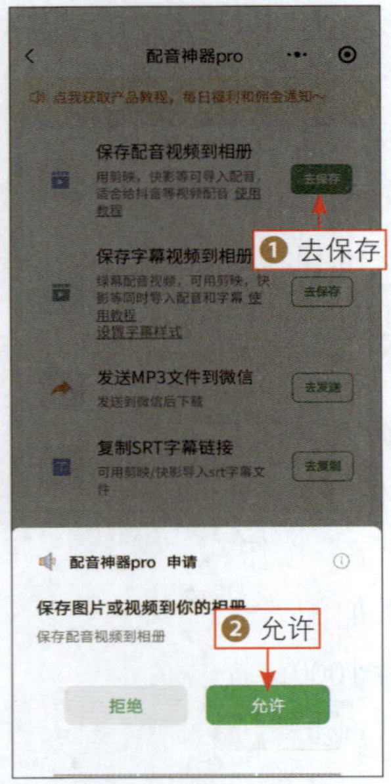

图 27-9　保存配音

27.4　用剪映手机版，剪辑书单广告

在剪辑书单广告视频之前，需要一些书籍的封面图片用来制作片头，要把它们拼接起来，背景为透明底，格式为PNG。这些书籍的封面图片可以从豆瓣或者当当网下载，视频效果如图27-10所示。

扫码看教学视频

图 27-10　视频效果

下面介绍在剪映手机版中剪辑书单广告视频的操作方法。

步骤 01 打开剪映手机版，添加一段背景图片素材，在起始位置依次点击“音频”按钮和“提取音乐”按钮，如图 27-11 所示。

步骤 02 ❶ 在“照片视频”界面中选择配音视频素材；❷ 点击“仅导入视频的声音”按钮，如图 27-12 所示，添加配音，并设置“音量”为 1000，提升音量。

步骤 03 根据配音音频的时长，调整图片素材的时长，在1.6s的位置点击“分割”按钮分割图片素材，如图27-13所示。

步骤 04 为分割后的第 2 段图片素材依次添加一段“模糊”基础特效和“星火”氛围特效，如图 27-14 所示。

步骤 05 在视频起始位置依次点击“画中画”按钮和“新增画中画”按钮，如图 27-15 所示。

步骤 06 ❶ 在“最近项目”|“照片”选项卡中选择书单图片素材；❷ 选中“高清”复选框；❸ 点击“添加”按钮添加素材，如图 27-16 所示。

步骤 07 ❶ 设置书单图片素材的时长为1.6s；❷ 调

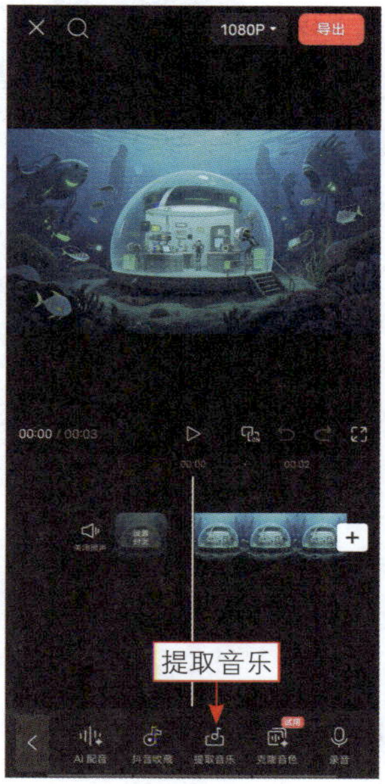

图 27-11 点击“提取音乐”按钮

图 27-12　点击“仅导入视频的声音”按钮

图 27-13　分割图片素材

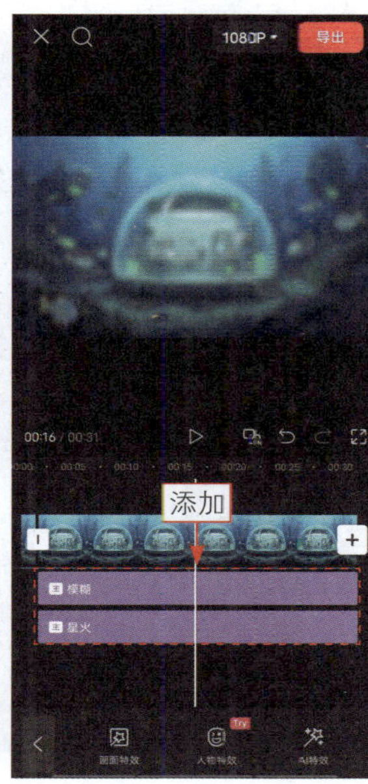

图 27-14　添加两段特效

整书单图片素材的画面大小和位置，让画面从右侧出现；❸在起始位置点击“添加关键帧”按钮◇添加关键帧，如图27-17所示。

步骤 08 在书单图片素材中间的位置调整其画面位置，如图27-18所示。

步骤 09 在书单图片素材末尾的位置调整其画面位置，让封面图片居中，如图27-19所示。

步骤 10 同理，❶在书单图片素材的后面添加一段封面图片素材，并设置其时长为1.5s；❷调整其画面大小和位置，覆盖原来的封面；❸在起始位置点击“添加关键帧”按钮◇添加关键帧，如图27-20所示。

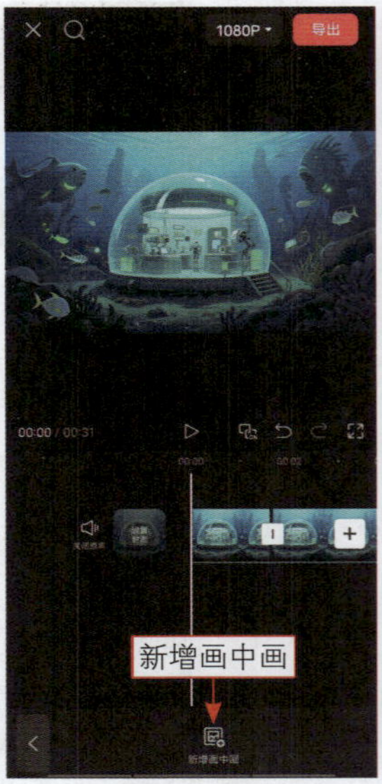

图 27-15　点击“新增画中画”按钮

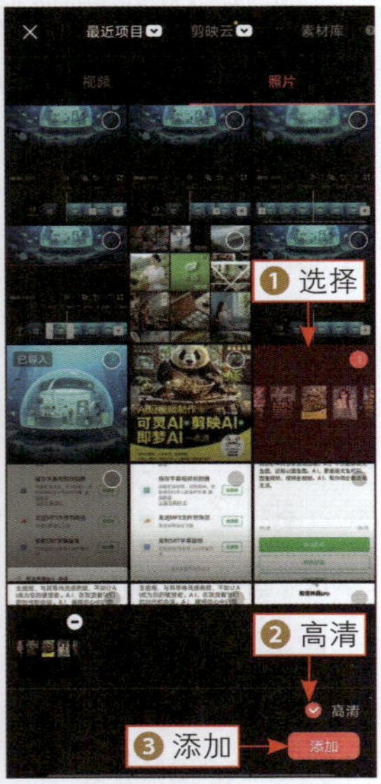

图 27-16　添加素材

图 27-17　添加关键帧（1）

图 27-18 调整素材的画面位置（1）

图 27-19　调整素材的画面位置（2）

步骤 11 在封面图片素材末尾的位置调整其画面位置，让图片放大居中，如图27-21所示。

步骤 12 在视频的起始位置点击“贴纸”按钮，①输入并搜索“白色边框”；②选择一款贴纸；③点击“取消”按钮，如图 27-22 所示。

步骤 13 ①调整贴纸素材的时长，使其末尾位置对齐封面图片素材的末尾位置；②放大贴纸；③在起始位置点击“添加关键帧”按钮添加关键帧，如图27-23所示。

步骤 14 在贴纸素材中间的位置调整其画面大小，框住封面，如图27-24所示。

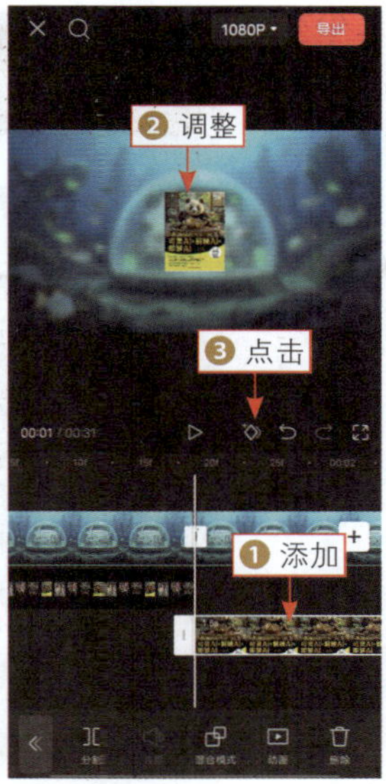

图 27-20　添加关键帧（2）

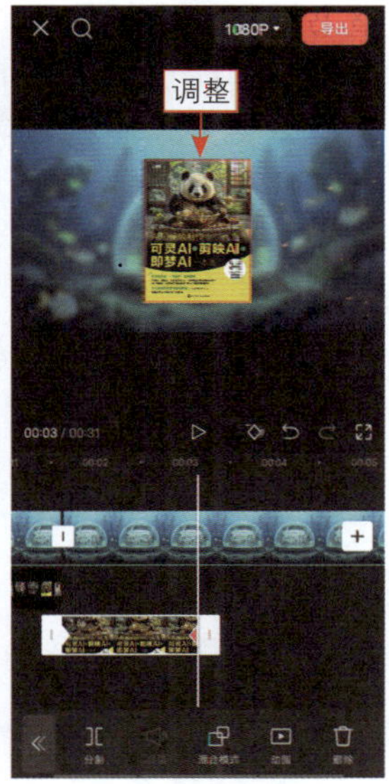

图 27-21　调整素材的画面位置（3）

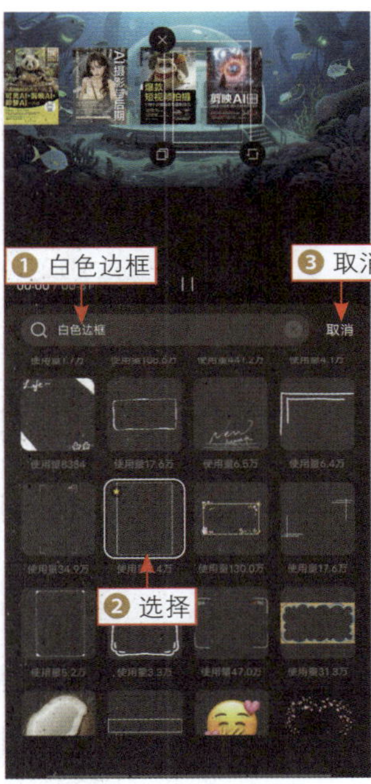

图 27-22　点击“相应”按钮（1）

图 27-23　添加关键帧（3）

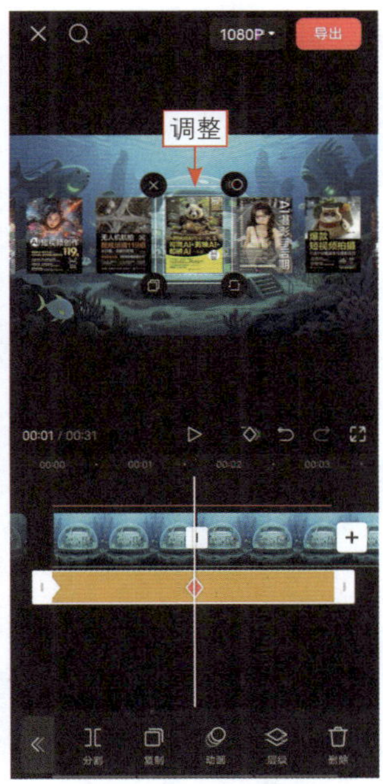

图 27-24　调整贴纸的画面大小（1）

步骤 15 在贴纸素材末尾的位置调整其画面大小，继续框住封面，如图 27-25 所示。

步骤 16 ❶在视频起始位置依次添加“发条旋钮转动齿轮”和“滴水”音效，对齐相应的图片素材，并设置其“音量”依次为361和1000；❷在第2句配音台词开始的位置通过搜索歌曲名称，添加一段音乐，并调整其时长，如图27-26所示。

步骤 17 添加一段“水波纹”动感特效，使其对齐封面图片素材的时长，并设置其“作用对象”为“画中画”，如图 27-27 所示。

步骤 18 ❶ 在第 2 句配音台词开始的位置添加 AI 文字；❷ 在“字体”|“热门”选项卡中选择字体，如图 27-28 所示，在“样式”|“文本”选项卡中设置文字的颜色为深红色。

步骤 19 ❶ 切换至“样式”|“排列”选项卡；❷ 设置“缩放”为 100，放大文字；❸ 设置“字间距”为 18，增加文字之间的间距；❹ 点击☑按钮，如图 27-29 所示。

步骤 20 再在第 2 句配音台词开始的位置添加两段文

图 27-25 调整贴纸的画面大小（2）

图 27-26 添加一段音乐

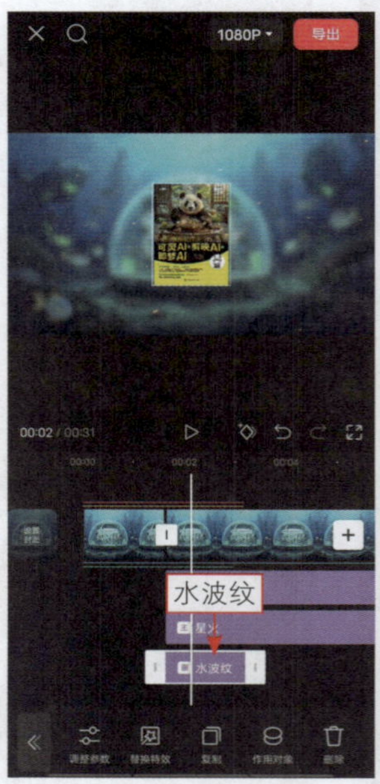

图 27-27 添加“水波纹”动感特效

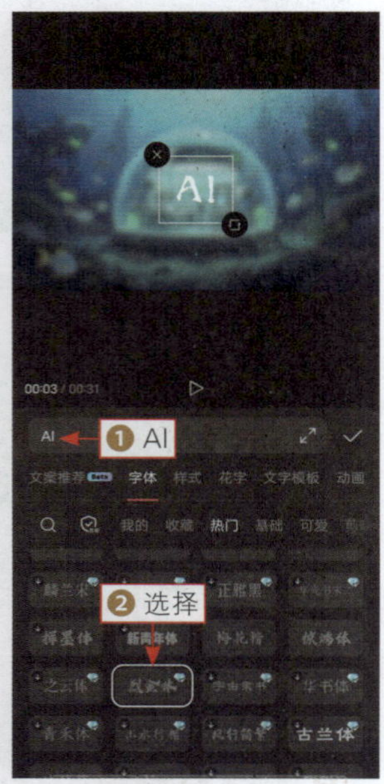

图 27-28 选择字体（1）

字，并调整 3 段字幕素材的时长，对齐视频的末尾位置，如图 27-30 所示，通过识别字幕功能识别字幕，删除第 1 段字幕。

步骤 21 ❶ 选择字幕素材；❷ 点击“编辑字幕”按钮，如图 27-31 所示。

步骤 22 调整文字，❶ 全选所有的字幕素材；❷ 点击“样式”按钮，如图 27-32 所示。

步骤 23 ❶ 切换至“字体”|“书法”选项卡；❷ 选择字体，如图 27-33 所示。

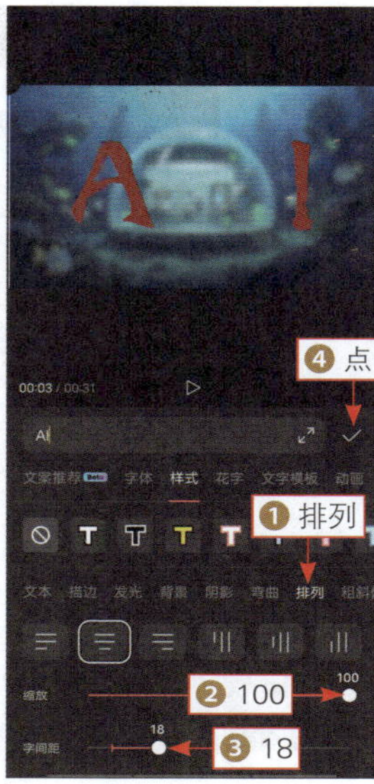

图 27-29　点击相应按钮（2）

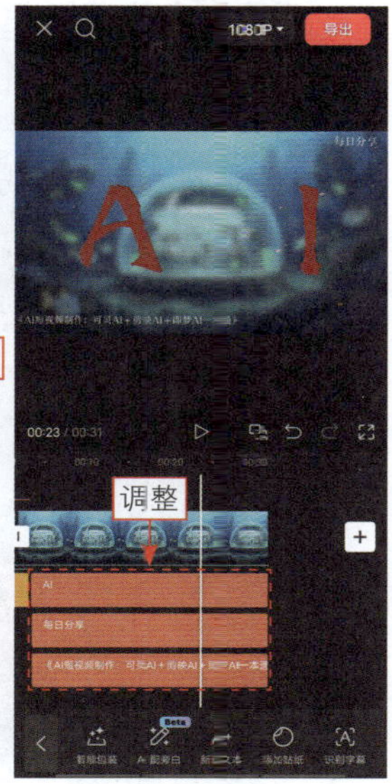

图 27-30　调整 3 段字幕素材的时长

步骤 24 ❶ 切换至“样式”|“排列”选项卡；❷ 选择一个样式；❸ 设置“字间距”为 5，增加文字之间的间距；❹ 调整文字的大小和位置，如图 27-34 所示。

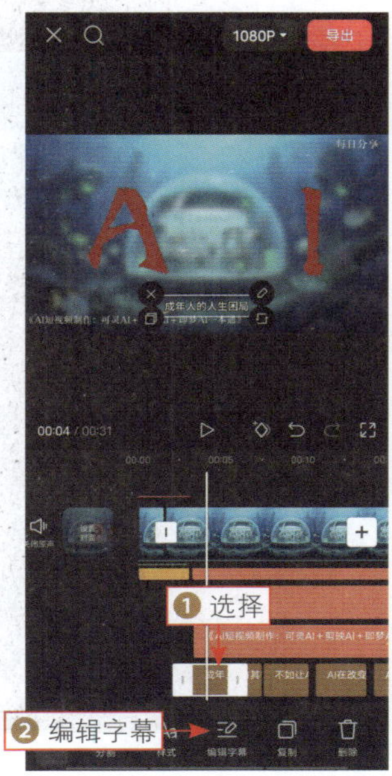

图 27-31　点击“编辑字幕”按钮

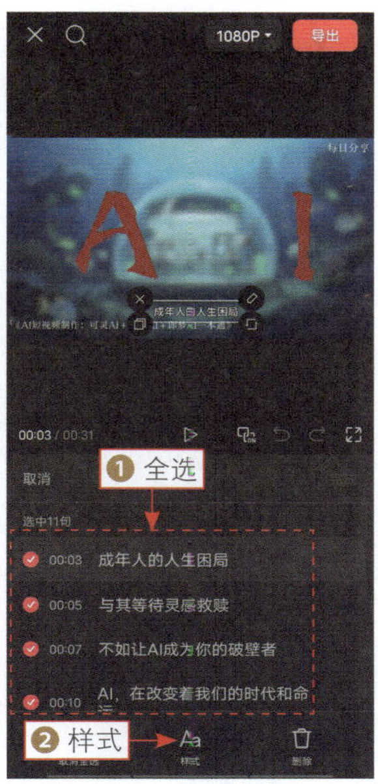

图 27-32　点击“样式”按钮

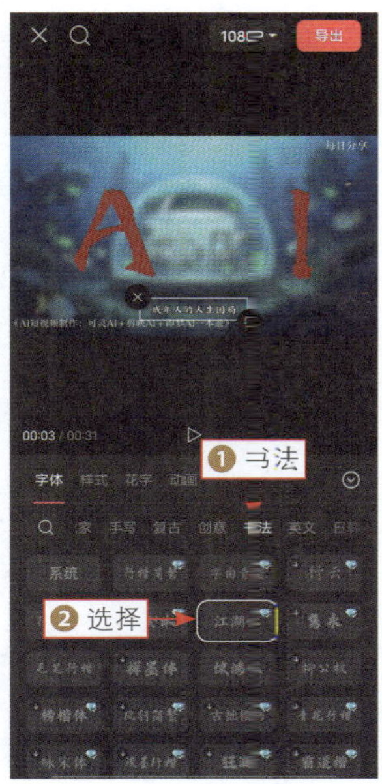

图 27-33　选择字体（2）

步骤 25 ❶切换至“动画”|“入场”选项卡；❷选择“渐显”选项；❸点击⌄按钮，如图27-35所示。

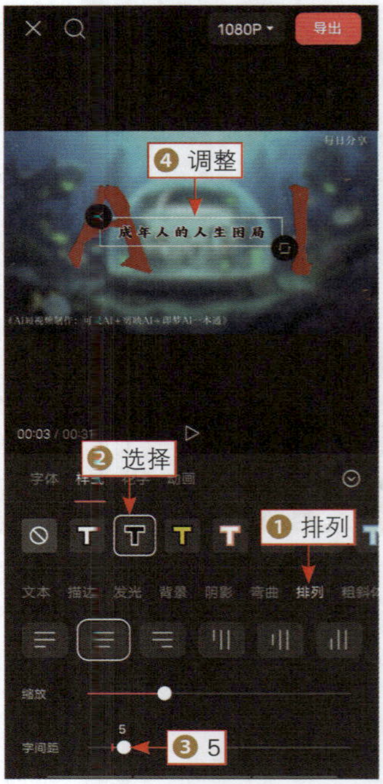

图 27-34　调整文字的大小和位置

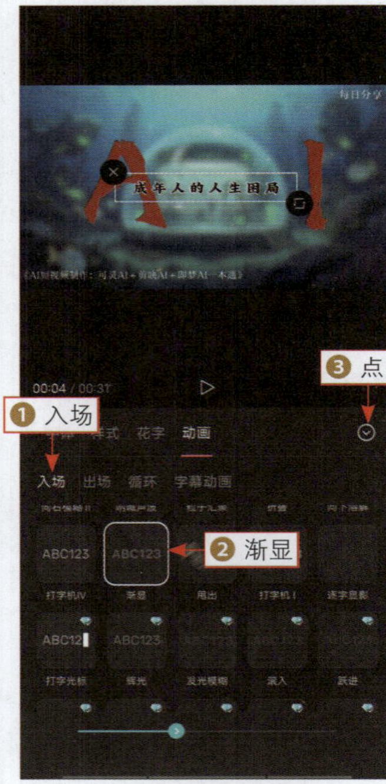

图 27-35　点击相应按钮（3）

第 28 例　汽车广告视频

AI在汽车广告视频领域的应用正在快速改变传统的制作方式。通过AI视频生成工具可以快速生成高质量视频素材，减少实拍成本。从脚本生成（如豆包）、分镜设计（如即梦）到视频后期合成（如剪映），AI将覆盖广告制作全链条，降低广告视频的制作成本。本例将为大家介绍汽车广告视频的制作技巧。

28.1 用豆包网页版，生成汽车广告分镜

在豆包网页版的“新对话”页面中通过输入“我要做一个汽车广告视频，主体为一辆黄色的汽车，品牌为Speed，需要展示其内部结构和驾驶场景，有城市、沙漠、森林、草原等场景，主题为‘带你去想去的地方’，帮我生成分镜脚本”提示词，生成相应的广告分镜脚本，如表28-1所示。

扫码看教学视频

表 28-1 广告分镜脚本

镜号	景别	时长	画面内容	台词/旁白	音效
1	全景	5s	阳光洒在空旷的停车场，一辆亮眼的黄色Speed汽车静静停放，车身线条流畅，在阳光下闪耀	旁白：“生活，总有无数向往的远方。”	轻柔的风声，汽车引擎轻微的嗡鸣声渐起
2	中景	7s	镜头推近，车门打开，展示车内豪华的皮质座椅，精致的中控台，驾驶员坐在车内，手握方向盘，启动汽车	旁白：“而它，将成为你追逐远方的伙伴。”	引擎轰鸣声增强，车门关闭声
3	全景	10s	黄色Speed汽车穿梭在繁华的城市街道，高楼大厦林立，车水马龙，汽车灵活地在车流中行驶，转向灯闪烁	旁白：“穿越城市的喧嚣，开启未知的旅程。”	城市街道嘈杂声，汽车行驶声
4	全景	10s	画面切换，汽车驶入沙漠，金色的沙丘连绵起伏，汽车在沙地中稳健前行，车轮扬起沙尘	旁白：“无畏沙漠的挑战，探索广袤的荒芜。”	呼啸的风声，汽车轮胎碾压沙地声
5	全景	10s	画面再变，汽车驶入茂密的森林，阳光透过树叶洒在车身，汽车沿着林间小路蜿蜒前行，避开障碍物	旁白：“深入森林的秘境，感受自然的奇妙。”	鸟鸣声，风吹树叶声，汽车行驶声
6	全景	10s	汽车驶出森林，来到一望无际的草原，驾驶员加速，汽车在草原上飞驰，蓝天白云下，车身与绿色草原形成鲜明对比	旁白：“驰骋草原的辽阔，释放自由的渴望。”	轮胎声响亮，爽朗的风声
7	特写	10s	车内视角，驾驶员轻松操控方向盘，手指轻点中控屏切换音乐，享受舒适的驾驶氛围	无	车内音乐声，空调轻微运转声
8	中景	10s	汽车停在草原上，驾驶员打开天窗，阳光洒入车内，驾驶员抬头望向天空，脸上露出惬意的笑容	旁白：“Speed汽车，带你去想去的地方。”	舒缓的背景音乐
9	全景	10s	黄色Speed汽车再次启动，向着远方行驶，画面拉远，汽车逐渐变小，融入美丽的风景中	旁白：“无论多远，与你同行。”	音乐高潮

28.2　用豆包网页版，生成汽车图片

在豆包网页版的“新对话”页面中通过输入“根据以上分镜文案，帮我生成相应的图片，比例为16：9，汽车主体为一辆黄色的汽车，偏写实风格，画面风格要保持一致，汽车的机型要保持一致”提示词，生成并下载9张图片，部分图片效果如图28-1所示。如果对生成的图片不满意，可以多生成几次，然后挑选。

扫码看教学视频

图 28-1　部分图片效果

☆ 温馨提示 ☆

在豆包网页版的“新对话”页面中输入“再帮我想一些图生视频的提示词，每段 30 字左右，要包含运镜”提示词，即可生成相应的图生视频提示词。

28.3　用即梦手机版，生成汽车视频

在生成9张图片之后，通过在即梦AI手机版中导入首帧图片、设置“视频3.0”生成模型，并输入相应的提示词即可生成相应的9段视频，部分视频效果如图28-2所示。

扫码看教学视频

图 28-2　部分视频效果

28.4　用剪映手机版，剪辑汽车广告视频

扫码看教学视频

剪映中的“电视广告”朗读配音可以让视频的声音变得很专业。通过添加激昂、有变化的音乐，还可以增强视频的商业感，视频效果如图28-3所示。

图 28-3　部分视频效果

下面介绍在剪映手机版中剪辑汽车广告视频的操作方法。

步骤 01 打开剪映手机版，依次添加9段视频素材，添加一段文本，❶输入视频文案；❷点击✓按钮，如图28-4所示。

步骤 02 点击“文本朗读”按钮，如图28-5所示。

步骤 03 ❶在“营销”选项卡中选择“电视广告”选项；❷点击✓按钮生成配音，如图28-6所示。

步骤 04 默认选择字幕素材，点击“删除”按钮，删除字幕素材，如图28-7

所示。

步骤 05 选择配音音频素材，点击“音量”按钮，❶ 设置“音量”为 1000，提升音量；❷ 点击✓按钮，如图 28-8 所示。根据配音内容，分别调整 9 段视频素材的时长。

步骤 06 在视频的起始位置依次点击“特效”按钮和“画面特效”按钮，❶ 在“动感”选项卡中选择“震动屏闪”选项；❷ 点击✓按钮添加特效，如图28-9所示。

步骤 07 调整“震动屏闪”特效的时长，使其约为1s左右，如图28-10所示。

图 28-4　点击相应按钮（1）

图 28-5　点击“文本朗读”按钮

图 28-6　点击相应按钮（2）

图 28-7　点击“删除”按钮

图 28-8　点击相应按钮（3）

步骤 08 在第3段视频素材的位置添加一段“心跳”动感特效，并调整其时长，如图28-11所示。

步骤 09 点击第1段视频素材与第2段视频素材之间的“转场”按钮，如图28-12所示。

步骤 10 弹出相应的面板，❶在“运镜”选项卡中选择“拉远”选项；❷点击按钮，如图28-13所示。同理，为其他视频素材之间依次添加“穿越Ⅲ”“空间上移”“复古放映”“回忆”“推近”“叠化”和“炫光”转场。

步骤 11 通过识别字幕功能识别字幕，❶选择第1段字幕素材；❷点击“编辑字幕”按钮，如图28-14所示。

图 28-9　点击相应按钮（4）

图 28-10　调整“震动屏闪”特效的时长

图 28-11　添加“心跳”特效

图 28-12　点击“转场”按钮

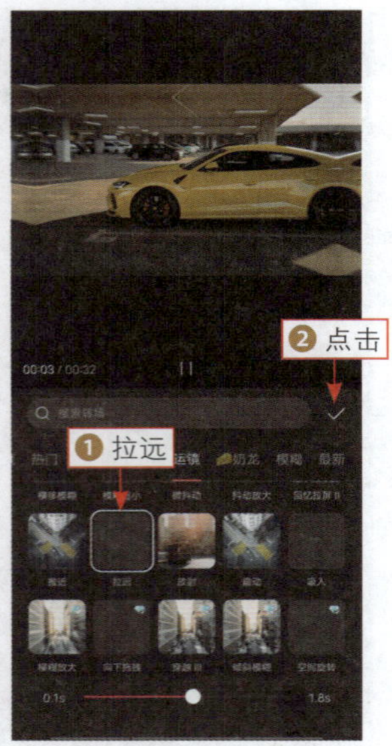

图 28-13　点击相应按钮（5）

步骤 12 调整文字的排版，❶全选所有的字幕素材；❷点击“样式”按钮，如图28-15所示。

步骤 13 ❶在“字体”选项卡中搜索“楷体”；❷选择合适的字体，如图28-16所示。

步骤 14 ❶ 切换至“样式”|“描边”选项卡；❷ 选择⊘选项，去除描边；❸ 点击✓按钮，如图 28-17 所示。调整字幕素材的轨道位置和时长，对齐配音内容。

步骤 15 ❶选择最后一段字幕素材；❷点击“样式”按钮，如图28-18所示。

步骤 16 ❶在“模板”|“影视混剪”选项卡中选择模板；❷调整文字，❸点击✓按钮，如图28-19所示。

图 28-14　点击“编辑字幕”按钮

图 28-15　点击“样式”按钮（1）

图 28-16　选择合适的字体

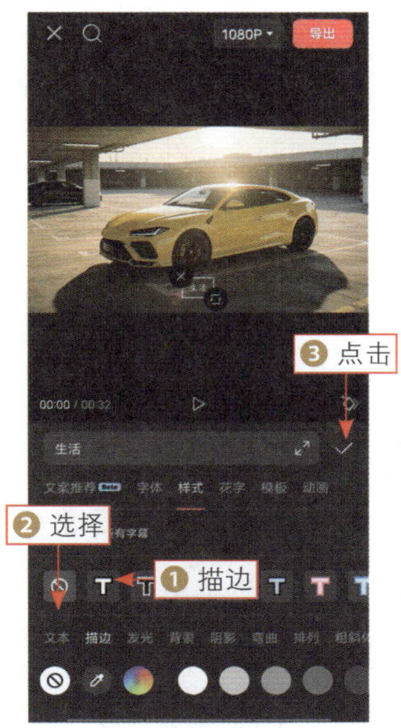

图 28-17　点击相应按钮（6）

图 28-18　点击“样式”按钮（2）

步骤 17 ❶ 在 29s 的位置添加一段字幕，并调整其时长；❷ 在“字体”|“书法”选项卡中选择字体；❸ 调整文字的大小和位置，如图 28-20 所示。

步骤 18 ❶切换至“动画”|“入场”选项卡；❷选择“收拢”选项；❸设置动画时长为1.4s；❹点击✓按钮，如图28-21所示。

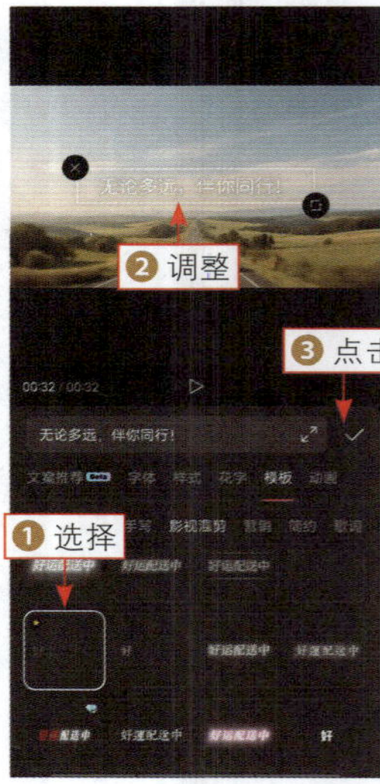

图 28-19　调整文字

图 28-20　调整文字的大小和位置

图 28-21　点击相应按钮（7）

步骤 19 通过搜索歌曲名称添加两段音乐，并调整其时长，如图28-22所示。

步骤 20 设置第2段音乐的“音量”为70、“淡入时长”“淡出时长”参数为1s，如图28-23所示。

步骤 21 再为4段汽车行驶的视频素材添加合适的音效，如图28-24所示。

图 28-22　添加两段音乐

图 28-23　设置“淡入淡出”参数

图 28-24　添加合适的音效

第 29 例　汽水广告视频

AI在商品广告视频中的应用具有显著优势，它不但能够提升制作效率、创意和精准度，同时还可以降低制作成本。传统拍摄需要设备租赁、场地、人工等前期投入，如果拍得效果不好，重拍也需要花费一大笔费用。而通过AI，不但可以低成本制作商品广告视频，试错成本也很低。本例将为大家介绍汽水广告视频的制作技巧，帮助你成为AI广告导演。

29.1 用即梦手机版，生成汽水图片

扫码看教学视频

在即梦AI手机版中，通过输入相应的提示词，生成并下载6张比例为16：9的汽水广告图片，部分图片效果如图29-1所示。

图 29-1 部分图片效果

29.2 用豆包手机版，生成视频提示词

扫码看教学视频

豆包中的智能体不仅可以根据文字要求生成相应的提示词，用户还可以通过上传图片，让豆包智能体自动生成相应的图生视频提示词，让视频创作更智能和高效。下面介绍在豆包手机版中使用图片生成视频提示词的操作技巧。

步骤 01 打开豆包手机版，点击“搜索”按钮，❶在搜索栏中输入并搜索“视频创作”；❷在搜索结果中选择“AI 视频创作 / 可灵 / 即梦 /runway”选项，如图 29-2 所示。

步骤 02 进入“AI 视频创作 / 可灵 / 即梦 /runway”对话界面，点击“导入”按钮⊕，在弹出的面板中点击“相册”按钮，如图 29-3 所示。

步骤 03 在相册中选择相应的汽水广告图片，然后发送，稍等片刻，即可生成相应的图生视频提示词，如图29-4所示。同理，通过发送其他5张图片生成相应的提示词。

图 29-2　选择相应的选项

图 29-3　点击“相册”按钮

图 29-4　生成相应的提示词

29.3　用即梦手机版，生成汽水视频

在生成6张图片之后，通过在即梦AI手机版中导入首帧图片、设置“视频3.0”生成模型，并输入相应的提示词，即可生成相应的6段视频，部分视频效果如图29-5所示。

扫码看教学视频

图 29-5　部分视频效果

29.4　用剪映手机版，剪辑汽水广告视频

汽水广告通常节奏明快，剪辑时应通过快速切换镜头来营造活力和紧张感，吸引观众的注意力。还可以适当使用特效（如慢动作、转场等）来增强广告的视觉冲击力，视频效果如图29-6所示。

扫码看教学视频

图 29-6　视频效果

下面介绍在剪映手机版中剪辑汽水广告视频的操作方法。

步骤 01 打开剪映手机版，依次添加6段视频素材，❶选择第1段视频素材，依次点击“变速”按钮和“常规变速”按钮；❷设置“变速”为1.5×，加快视频的播放速度；❸点击✓按钮，如图29-7所示。同理，设置第2段视频素材的“变速”也为1.5×。

步骤 02 ❶选择第 4 段视频素材，依次点击“变速”按钮和“曲线变速”按钮；❷选择“蒙太奇”选项进行曲线变速，如图 29-8 所示。

步骤 03 ❶选择第5段视频素材；❷选择“英雄时刻”选项进行变速，如图26-9所示。

步骤 04 在视频的起始位置依次点击“音频”按钮和“音乐”按钮，❶在搜索栏中输入并搜索“广告配乐 热情律动”；❷点击所选音乐右侧的“使用”

图 29-7　点击相应按钮（1）

图 29-8　选择“蒙太奇”选项

按钮，如图24-10所示。

步骤 05 添加音乐，设置“音量”为668，提升音量，点击✓按钮，如图29-11所示。

步骤 06 点击“节拍”按钮，如图29-12所示。

步骤 07 ❶在“节拍”面板中开启“自动踩点”；❷设置踩点程度；❸点击✓按钮，如图29-13所示。

步骤 08 ❶根据节拍点的位置，调整视频素材的时长和音频素材的时长；❷点击第 1 段视频素材与第 2 段视频素材之间的“转场”按钮|，如图 29-14 所示。

图 29-9　选择“英雄时刻”选项

图 29-10　使用音乐

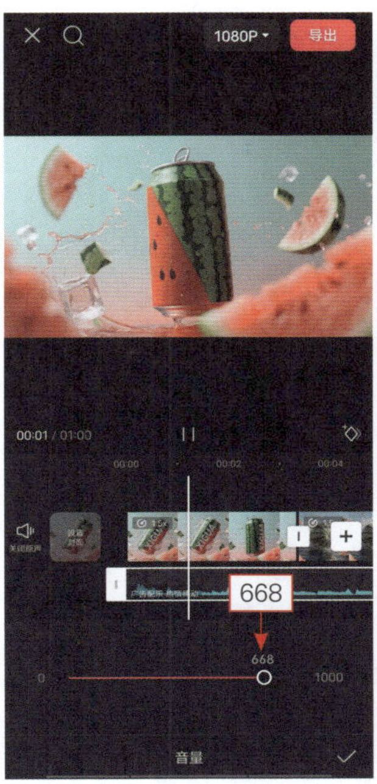

图 29-11　设置“音量”参数（1）

图 29-12　点击“节拍”按钮

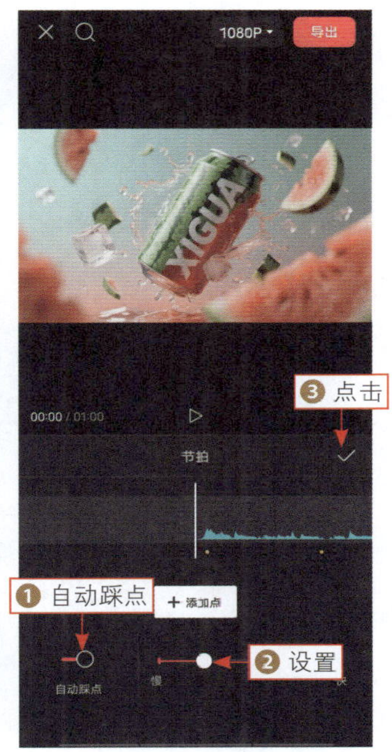

图 29-13　点击相应按钮（2）

步骤 09 弹出相应的面板，❶在“运镜”选项卡中选择“穿越Ⅲ”选项；❷点击✓按钮，如图29-15所示。同理，为其他视频素材之间依次添加“推近”“无限穿越Ⅰ”“抖动”和“闪白”转场。

步骤 10 为每段视频素材添加相应的音效，并提高部分音效的音量，如图29-16所示。

步骤 11 ❶在12s左右的位置分割背景音乐素材；❷设置后半段背景音乐的“音量”为100，降低音量，如图29-17所示。

步骤 12 在12s左右的位置添加一段“气泡音解说”配音，文案内容为“渴了，就喝西瓜汽水”，如图29-18所示，然后删除字幕素材。

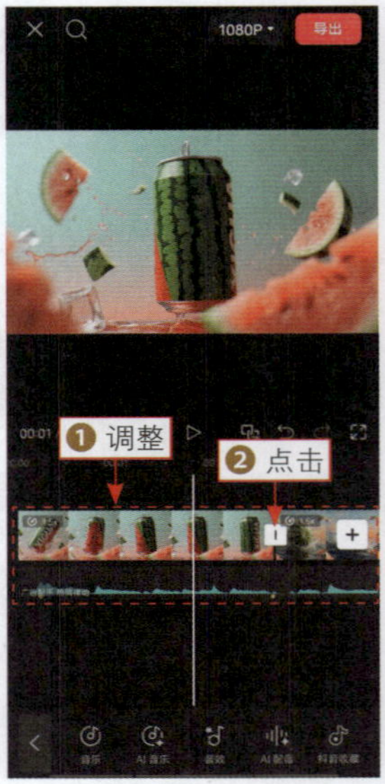

图 29-14　点击“转场”按钮

图 29-15　点击相应按钮（3）

图 29-16　添加相应的音效

图 29-17　设置“音量”参数（2）

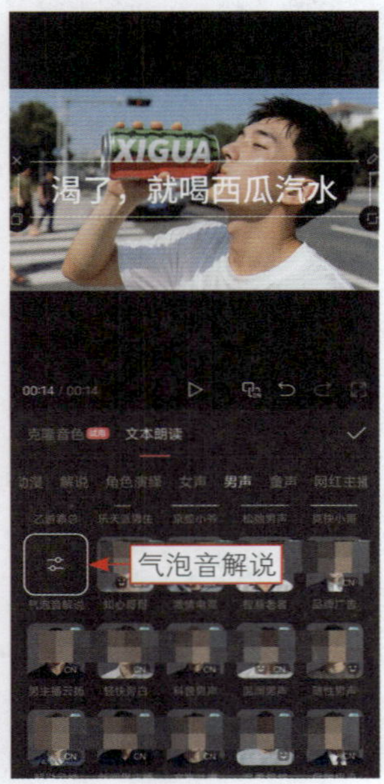

图 29-18　添加一段“气泡音解说”配音

步骤 13 设置配音素材的“音量”为1000，提升音量，如图29-19所示。

步骤 14 在最后一段视频素材的位置添加一段“模糊”基础特效，如图29-20所示。

步骤 15 在配音内容相应的位置添加一段“渴了”文字模板，如图29-21所示。

步骤 16 在配音内容相应的位置添加一段“西瓜汽水”文字模板，如图29-22所示。

步骤 17 调整两段文字模板素材的时长，使其对齐相应的配音内容，如图29-23所示。

图 29-19　设置“音量”参数（3）

图 29-20　添加特效

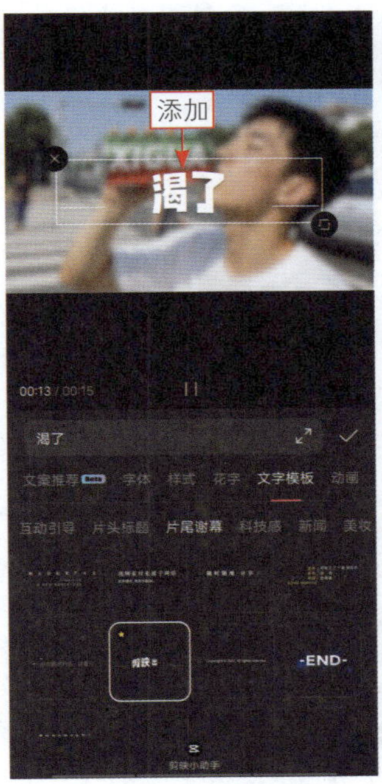

图 29-21　添加“渴了”文字模板

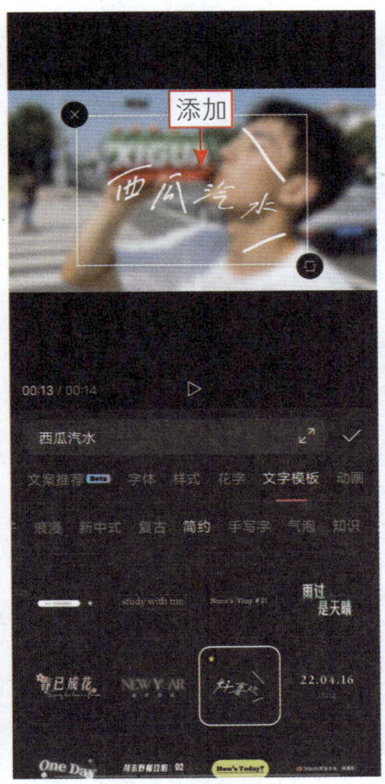

图 29-22　添加“西瓜汽水”文字模板

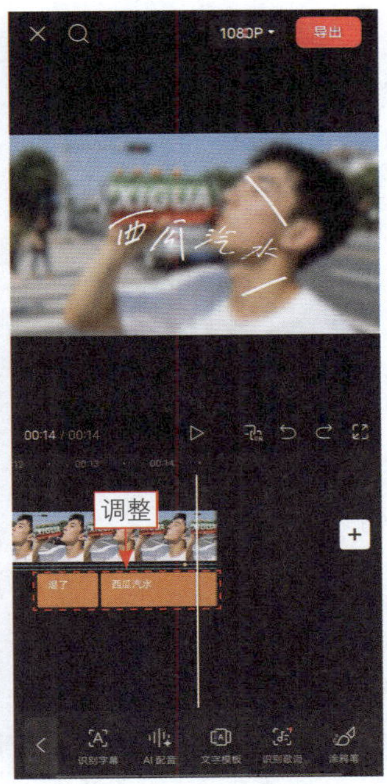

图 29-23　调整文字的时长

第 30 例　文旅宣传视频

AI为文旅广告和城市宣传片的内容创作和传播带来了革命性的变化。AI能够生成独特的创意内容，例如通过AI绘画和图生视频技术，将文化元素与自然风光结合，打造奇幻唯美的视觉效果。AI还能够实现实景与虚拟画面的结合，再现历史场景或文化故事。本例将为大家介绍文旅宣传视频的制作技巧，帮助大家用AI再现美丽的中国。

30.1　用豆包网页版，生成美景图片

在豆包网页版的“新对话”页面中通过输入“我要做一个主题为文旅中国的AI宣传视频，请帮我想一些各省、各地区有名的风光画面，要有雪山、草地、城市、人文等内容，生成相应的11张图片，比如北京的故宫、北京的长城、长沙的岳麓山、新疆的草原和牛羊、广西的桂林山水、杭州的古镇，广州塔、雪山、内蒙古的沙漠、上海的夜景、香港的夜景，比例为16：9，大片、现实感”提示词，生成并下载11张图片，部分图片效果如图30-1所示。

扫码看教学视频

图 30-1　部分图片效果

30.2　用即梦网页版，生成美景视频

在即梦的“视频生成”页面中导入11张图片、设置“视频3.0”生成模型，并输入相应的提示词，即可生成相应的11段视频，部分视频效果如图30-2所示。

扫码看教学视频

图 30-2　部分视频效果

30.3　用剪映专业版，剪辑宣传视频

在剪映专业版中，可以根据背景音乐的配音内容，将多个精彩片段组合成一段完整的文旅宣传视频，视频效果如图30-3所示。

扫码看教学视频

图 30-3　视频效果

下面介绍在剪映专业版中剪辑文旅宣传视频的操作方法。

步骤 01 打开剪映专业版，在“素材”功能区中导入11段视频素材，单击第1段视频素材右下角的“添加到轨道”按钮，如图30-4所示，把视频素材依次添加到相应的轨道中。

步骤 02 在背景音乐视频素材上单击鼠标右键，在弹出的快捷菜单中选择“分离音频”选项，把音频素材和视频素材分离，如图30-5所示。

图 30-4　单击“添加到轨道”按钮（1）

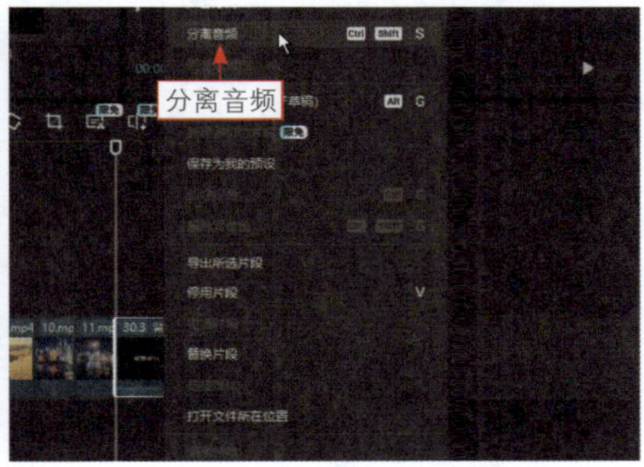

图 30-5　选择“分离音频”选项

步骤 03 ❶选择分离后的视频素材；❷单击“删除”按钮，如图30-6所示，只留下音频。

步骤 04 根据音频内容，❶调整11段视频素材的时长和音频素材的轨道位置，使音频素材的起始位置处于视频00:00:02:08的位置；❷拖曳时间轴至第1段视频素材和第2段视频素材之间的位置，如图30-7所示。

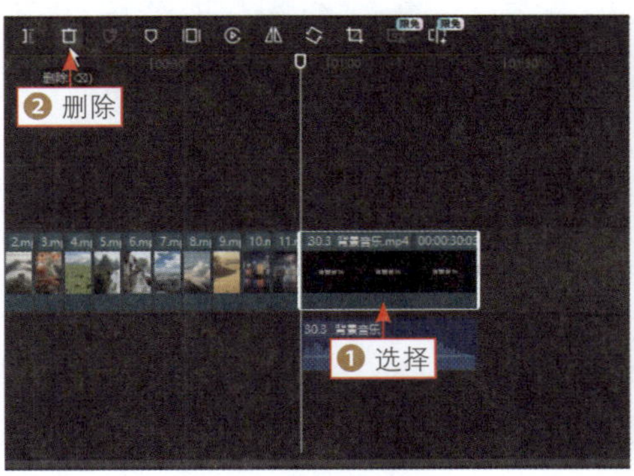

图 30-6　删除视频素材

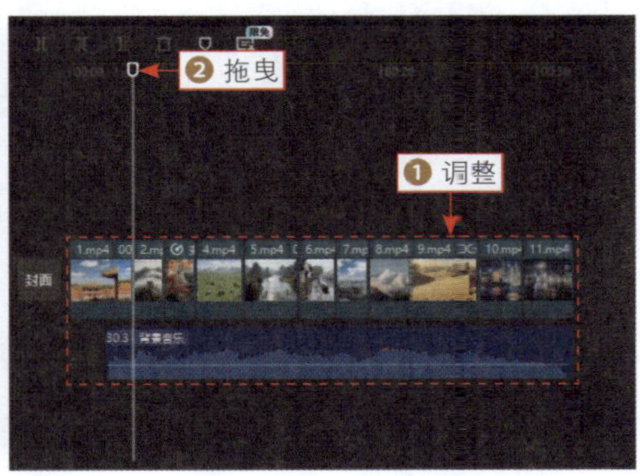

图 30-7　拖曳时间轴至相应的位置

步骤 05 ❶切换至“转场”功能区；❷在“热门”选项卡中单击“叠化”选项右下角的“添加到轨道”按钮添加转场，如图30-8所示。

步骤 06 在“转场”操作区中单击“应用全部”按钮，统一添加转场，如图30-9所示。

图 30-8　单击“添加到轨道”按钮（2）

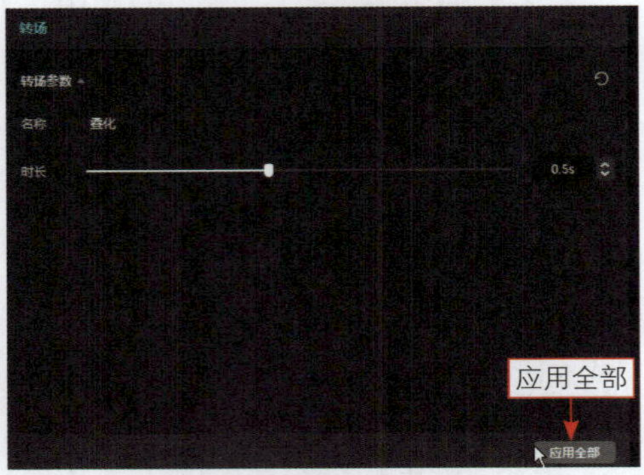

图 30-9　单击“应用全部”按钮

步骤 07 ❶在视频的起始位置切换至“音频”功能区；❷在“音效库”选项卡中搜索“神奇的光扫”；❸单击所选音效右下角的“添加到轨道”按钮⊕添加音效，如图30-10所示。

步骤 08 同理，在第11段视频素材的位置添加一段“烟花绽放”音效，并调整其时长，如图30-11所示。

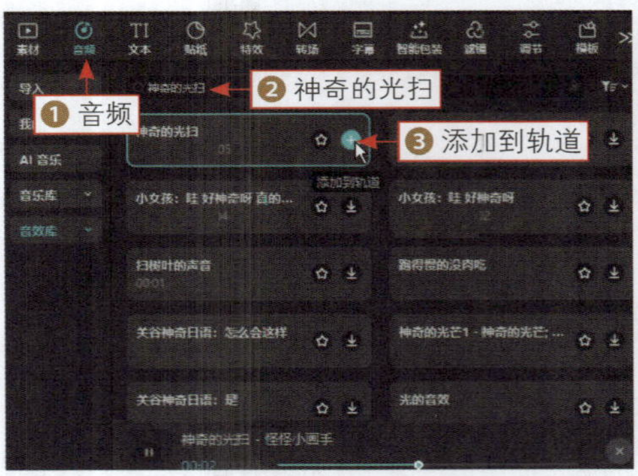

图 30-10　单击“添加到轨道”按钮（3）

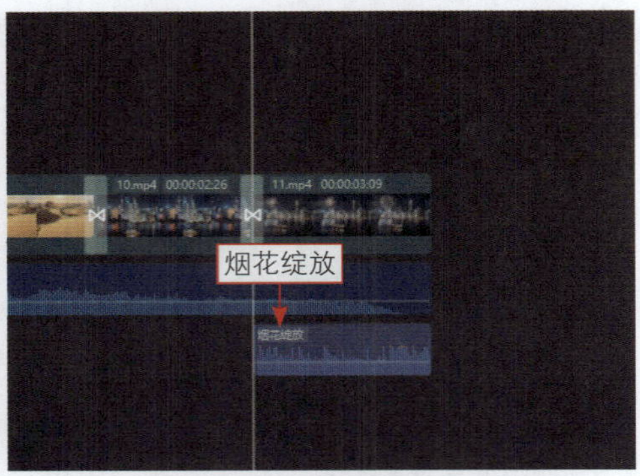

图 30-11　添加一段“烟花绽放”音效

步骤 09 在背景音乐音频素材上单击鼠标右键，在弹出的快捷菜单中选择“识别字幕/歌词”选项识别字幕，如图30-12所示。

步骤 10 选择第1段字幕素材，❶在“文本”操作区中修改文字内容；❷设置字体；❸设置“字号”为6，微微放大文字；❹设置“字间距”为3，增加文字之间的间距，如图30-13所示。

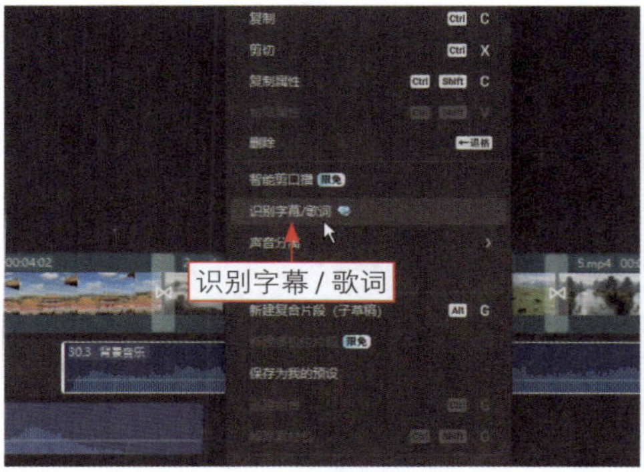

图 30-12　选择“识别字幕 / 歌词”选项

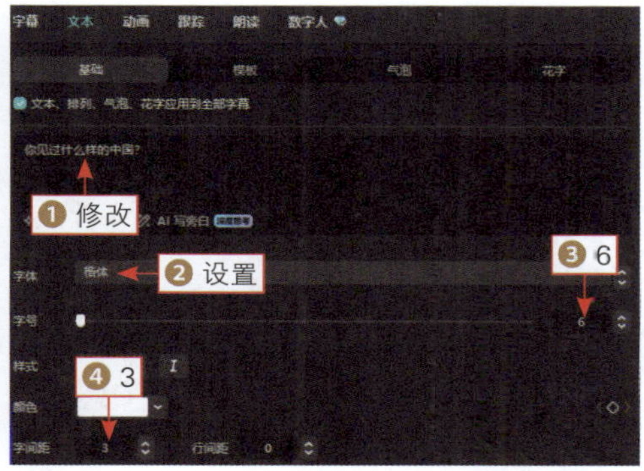

图 30-13　设置文字

步骤 11 ❶在视频的起始位置切换至“特效”功能区；❷在“基础”选项卡中单击“开幕”选项右下角的“添加到轨道”按钮添加开幕特效，如图30-14所示。

步骤 12 调整特效的时长，使其末尾位置处于视频00:00:01:24的位置，如图30-15所示。

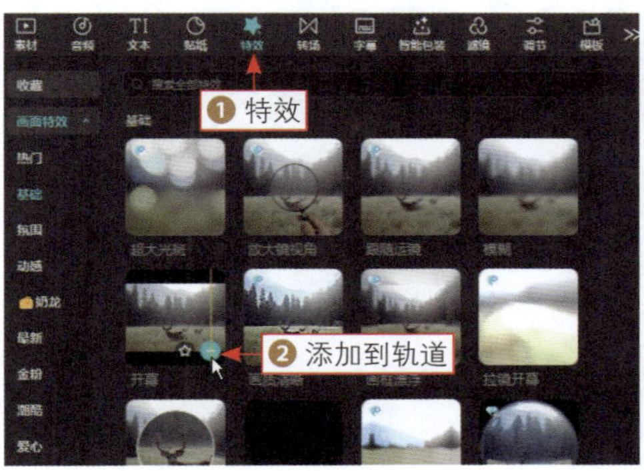

图 30-14　单击“添加到轨道”按钮（4）

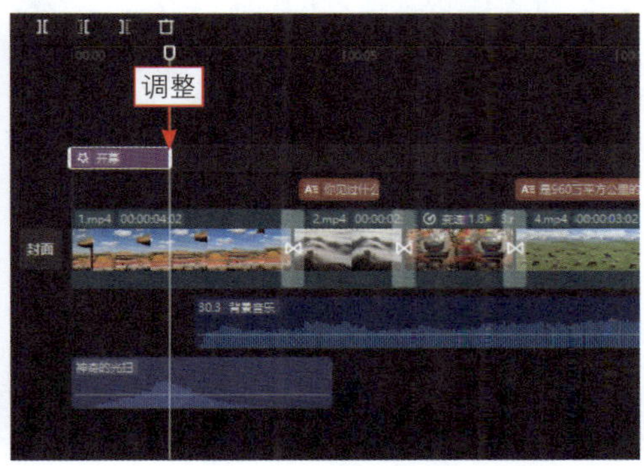

图 30-15　调整特效的时长

步骤 13 ❶在第11段视频素材的起始位置切换至“文本”功能区；❷在“文字模板”|“简约”选项卡中单击所选模板右下角的“添加到轨道”按钮，如图30-16所示，添加文字并调整其时长，使其对齐第11段视频素材的时长。

步骤 14 在“文本”操作区中更改文字内容，如图30-17所示。

步骤 15 拖曳时间轴至视频00:00:01:04的位置，❶切换至“新建文本”选项卡；❷单击“默认文本”右下角的“添加到轨道”按钮，如图30-18所示。

步骤 16 添加两段“默认文本”字幕素材，并调整其时长，使其末尾位置对齐第1段视频素材的末尾位置，如图30-19所示。

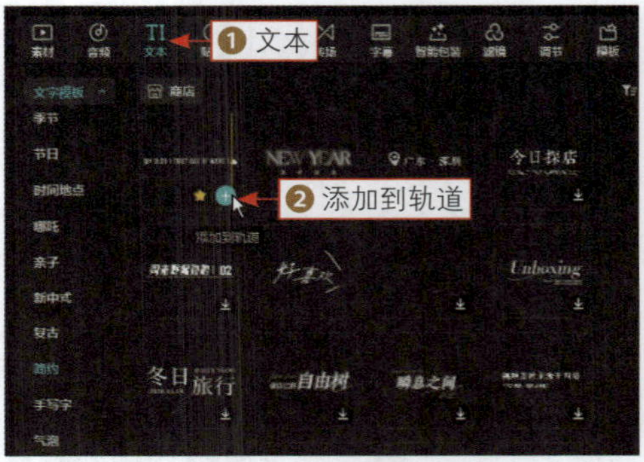

图 30-16　单击“添加到轨道”按钮（5）

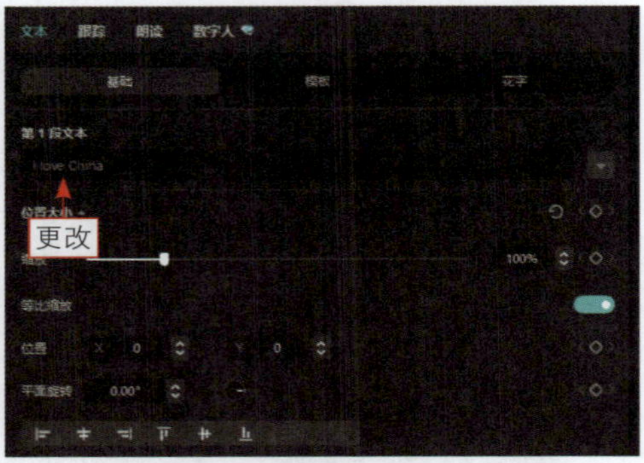

图 30-17　更改文字内容

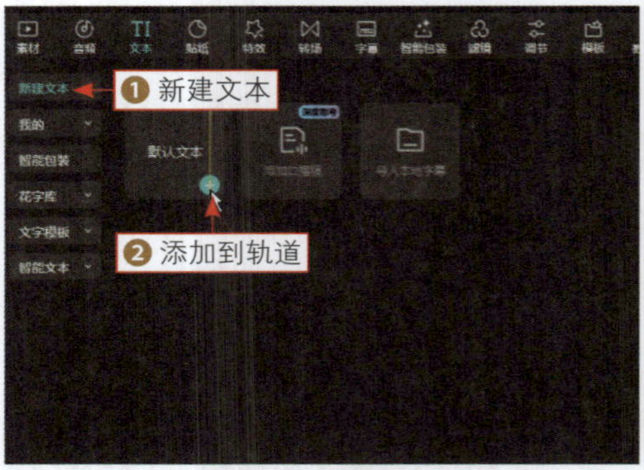

图 30-18　单击“添加到轨道”按钮（6）

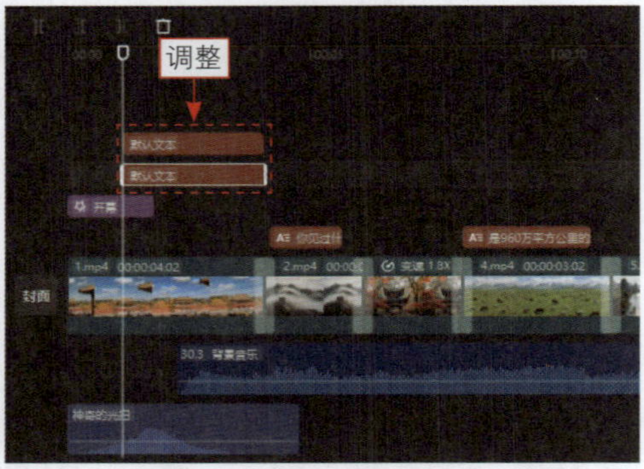

图 30-19　调整字幕素材的时长

步骤 17 选择一段“默认文本”字幕素材，❶在“文本”操作区中修改文字内容；❷设置字体，如图30-20所示。

步骤 18 ❶设置“缩放”为138%，放大文字；❷设置“位置”分别为-179和517，调整文字的位置，如图30-21所示。

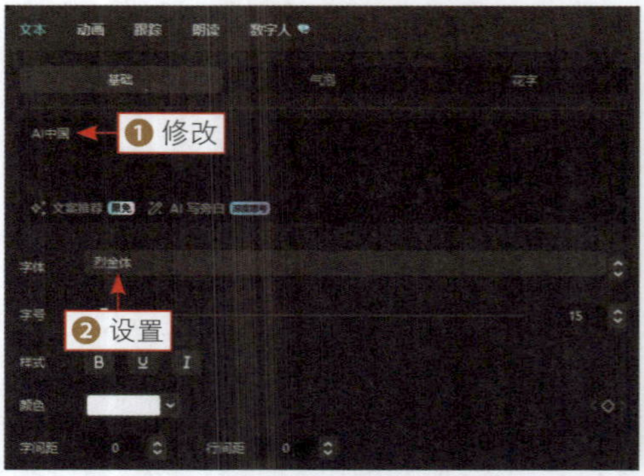

图 30-20　设置字体（1）

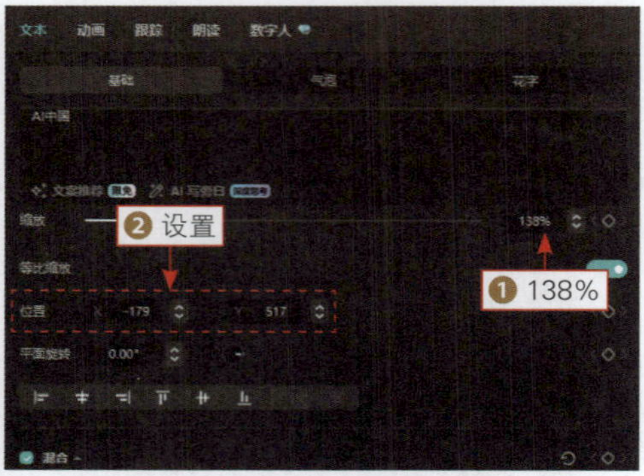

图 30-21　设置“位置”参数（1）

步骤 19 ❶切换至“动画”|“入场”选项卡；❷选择“溶解”选项；❸设置“动画时长”为0.7s，如图30-22所示。

步骤 20 选择另一段“默认文本”字幕素材，❶在“文本”操作区中修改文字内容；❷设置字体，如图30-23所示。

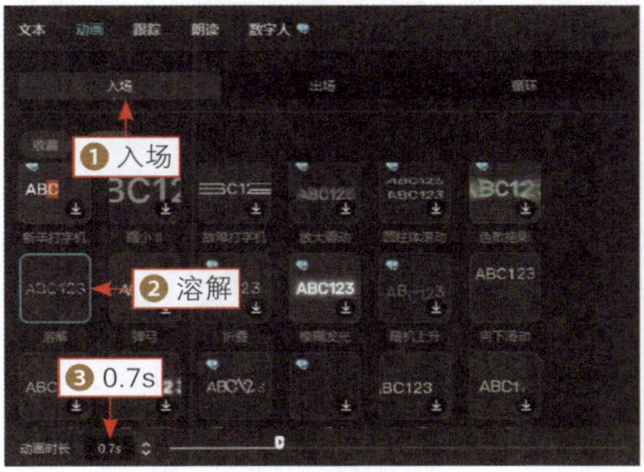

图 30-22　设置“动画时长”参数

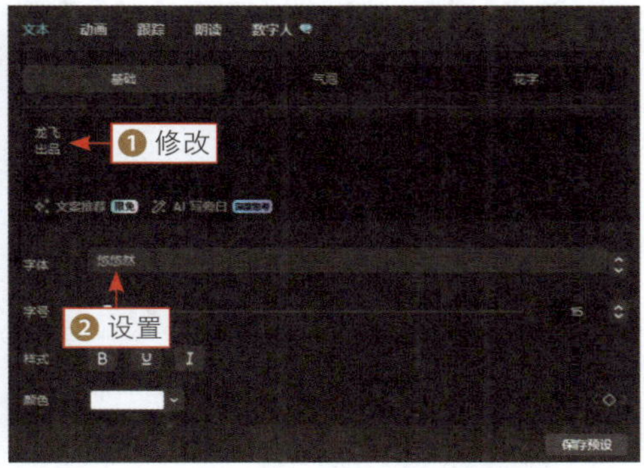

图 30-23　设置字体（2）

步骤 21 ❶设置“缩放”为21%，缩小文字；❷设置“位置”分别为567和350，调整文字的位置，如图30-24所示。同理，添加“溶解”入场动画，时长也为0.7s。

步骤 22 ❶在视频00:00:01:04的位置切换至“贴纸”功能区；❷输入并搜索“印章”；❸单击所选贴纸右下角的“添加到轨道”按钮添加贴纸，如图30-25所示。

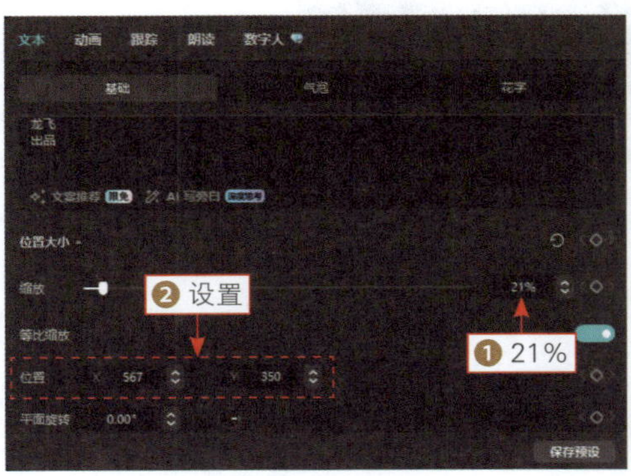

图 30-24　设置“位置”参数（2）

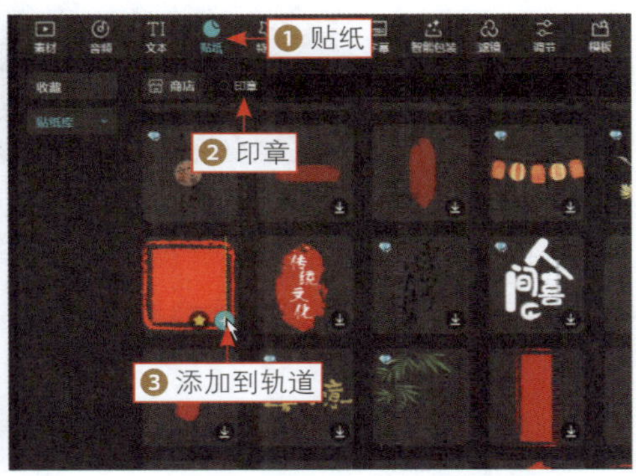

图 30-25　单击“添加到轨道”按钮（7）

步骤 23 调整贴纸的时长和轨道位置，如图30-26所示。

步骤 24 ❶在“贴纸”操作区中设置“缩放”为6%，缩小贴纸；❷设置“位置”分别为576和350，调整贴纸的位置，使其处于相应文字的下方，如图30-27所示。

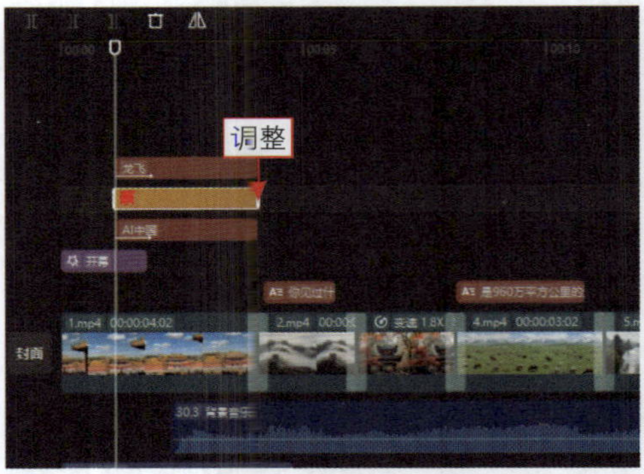

图 30-26　调整贴纸的时长和轨道位置

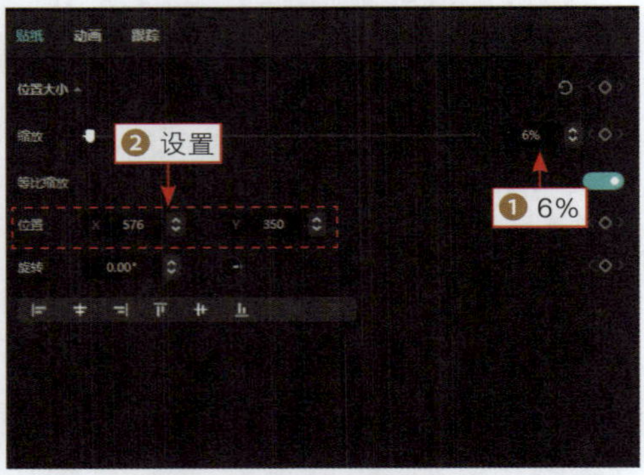

图 30-27　设置“位置”参数（3）

步骤 25 ❶切换至“动画”|“入场”选项卡；❷选择“渐显”选项为贴纸添加动画，如图30-28所示。

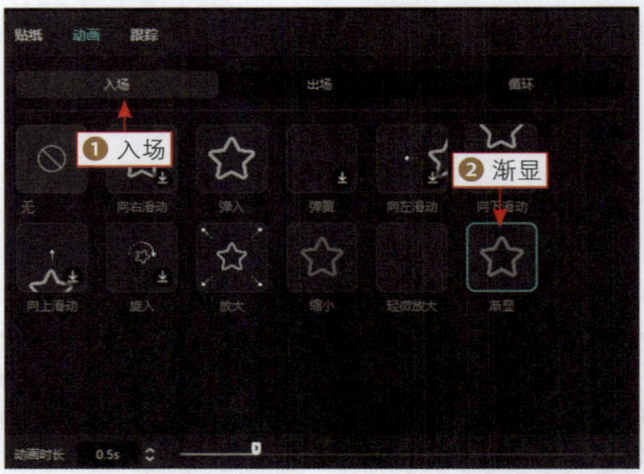

图 30-28　选择“渐显”选项